中等职业学校工业和信息化精品系列教材

计·算·机·应·用

常用工具软件

项目式微课版

甘云平 任日葵◎主编

黄启辉 陆郸夙 唐雪暖◎副主编

U0220183

人民邮电出版社

北京

图书在版编目（CIP）数据

常用工具软件：项目式微课版 / 甘云平，任日葵主
编. -- 北京：人民邮电出版社，2022.6
　中等职业学校工业和信息化精品系列教材
　ISBN 978-7-115-58338-3

　Ⅰ. ①常… Ⅱ. ①甘… ②任… Ⅲ. ①软件工具—中
等专业学校—教材 Ⅳ. ①TP311.56

　中国版本图书馆CIP数据核字(2021)第259513号

内 容 提 要

　　本书全面、系统地介绍了磁盘管理工具、系统维护与备份工具、文件管理工具、文档编辑工具、社交通信工具、智能移动办公工具、图形图像处理工具、音/视频编辑工具、自媒体处理工具等常用工具软件的操作与应用。

　　本书采用项目式编写，并分任务进行讲解，每个任务由任务目标、相关知识和任务实施三部分组成，然后根据任务进行强化实训。每个项目后还配有课后练习，并根据项目内容设置了相关的技能提升环节。本书着重培养学生的动手能力，将具体工作场景引入课堂教学，让学生提前进入工作者角色。

　　本书适合作为职业院校计算机应用等专业的教材，也可作为各类培训学校相关课程的教材，还可作为计算机爱好者的自学参考用书。

　◆ 主　　编　甘云平　任日葵
　　副主编　黄启辉　陆郸夙　唐雪暖
　　责任编辑　刘晓东
　　责任印制　王　郁　焦志炜
　◆ 人民邮电出版社出版发行　　北京市丰台区成寿寺路 11 号
　　邮编　100164　电子邮件　315@ptpress.com.cn
　　网址　https://www.ptpress.com.cn
　　北京捷迅佳彩印刷有限公司印刷
　◆ 开本：889×1194　1/16
　　印张：12.5　　　　　　　　　2022 年 6 月第 1 版
　　字数：243 千字　　　　　　　2025 年 1 月北京第 3 次印刷

定价：49.80 元

读者服务热线：(010)81055256　印装质量热线：(010)81055316
反盗版热线：(010)81055315
广告经营许可证：京东市监广登字 20170147 号

前 言

2021 年 10 月，中共中央办公厅、国务院办公厅印发了《关于推动现代职业教育高质量发展的意见》（以下简称《意见》）。《意见》指出，职业教育是国民教育体系和人力资源开发的重要组成部分，肩负着培养多样化人才、传承技术技能、促进就业创业的重要职责。与此同时，党的二十大报告中明确提出，统筹职业教育、高等教育、继续教育协同创新，推进职普融通、产教融合、科教融汇，优化职业教育类型定位。在全面建设社会主义现代化国家新征程中，职业教育前途广阔、大有可为。职业教育的主要目标是，到 2025 年，职业教育类型特色更加鲜明，现代职业教育体系基本建成，技能型社会建设全面推进；到 2035 年，职业教育整体水平进入世界前列，技能型社会基本建成。

职业教育的目的是培养具有一定文化水平和专业知识技能的应用型人才，职业教育侧重于实践技能和实际工作能力的培养。近年来，伴随着我国经济的快速发展，以及计算机技术的广泛应用和发展，劳动力市场的需求在不断变化，社会对高素质实用型人才的需求更为迫切。与此同时，中等职业学校的招生人数也在不断增加，从而对教学的实用性、灵活性和新颖性都提出了更高的要求。

为了满足新形势的发展需要，我们根据现代职业教育的教学目标和要求，组织了一批优秀的、具有丰富教学经验和实践经验的作者编写了本套"中等职业学校工业和信息化精品系列教材"，本书属于该系列教材之一。本书为"常用工具软件"课程配套教材，该课程是中等职业学校计算机应用专业的核心课程，该课程主要介绍日常工作与生活中较为实用、流行的工具软件的操作与应用，为培养应用型人才打下良好的基础，也为中等职业学校学生职业生涯的可持续发展做好办公能力方面的准备。

针对上述职业教育的发展趋势及课程的教学目标和要求，本书主要具有以下特色。

1. 打好基础，重视实践

"常用工具软件"课程的实践性和应用性很强。为了让学生能够熟练使用日常生活、工作中的常用工具软件，本书从磁盘管理、系统维护与备份、文件管理、文档编辑、社交通信、智能移动办公、图形图像处理、音 / 视频编辑、自媒体处理等领域中挑选了多个具有代表性的工具软件，分别介绍了这些工具软件的用途、适用情况、操作方法和技巧，便于学生系统地了解和认识各类工具软件。在教学上，本书采用讲练相结合的方法，让学生按任务进行相应的训练，逐步增强他们对工具软件的应用能力；同时通过将软件操作与实际应用环境相结合的方式，激发学生的学习兴趣，全面增强学生的实践能力。

2. 采用情景导入、任务驱动式教学

为了适应当前中等职业教育教学改革的要求，本书在编写时吸收了新的职教理念，教学中"以学生为中心"，以任务驱动安排教材内容，形成"情景导入——学习目标和技能目标——若干任务——若干实训——课后练习——技能提升"这样的讲解体系，并在各任务下面设计了"任务目标""相关知识""任务实施"，从而适应任务驱动下的"教学做一体化"的课堂教学要求，引导学生开动脑筋，增强其动手能力。

本书的情景导入使用的多为日常生活或办公中的场景，以主人公的实习情景为例引入各项目的教学主题，让学生了解相关知识点在实际工作中如何应用。书中设置的主人公如下。

米拉：职场新人。

洪钧威：人称"老洪"，米拉的同事，他是米拉在职场中的导师。

3. 提供微课视频

本书将所介绍工具软件的所有操作过程录制成了微课视频，学生既可扫码观看，也可边看微课视频边进行操作，从而提高自己的实践能力和动手能力。

4. 配套丰富的教学资源

本书提供有 PPT 课件、素材与效果文件、题库练习软件、电子教案等教学资源，有需要的读者可自行登录人邮教育社区网站（http://www.ryjiaoyu.com）免费下载。

本书由甘云平、任日葵担任主编，黄启辉、陆郫夙、唐雪暖担任副主编。

由于编者水平有限，本书可能存在不足和遗漏之处，敬请读者指正。

编　者

2023 年 5 月

目 录

目 录

CONTENTS

目 录
CONTENTS

项目一

磁盘管理工具

01

情景导入

老洪：米拉，在公司实习还习惯吗？我主要负责计算机软硬件的维护，以后有什么不清楚的地方可以随时问我，大家都叫我老洪，以后你也叫我老洪吧。

米拉：太好了，早就听说你是一位计算机高手，刚好有几个问题想请教你。我的电脑硬盘中有个磁盘空间满了，可以调整它的容量吗？

老洪：可以的。DiskGenius就是一款磁盘管理软件，可以重新分配磁盘分区的容量。

米拉：前几天有些重要文件不小心被我删除了，回收站里也没有，还能找回来吗？

老洪：当然可以。Recuva就是一款经典的数据恢复软件，操作简单，并且文件恢复率较高，你可以尝试使用它来恢复被删除的文件。

米拉：听你这样说，我就放心了，不用担心误删的文件找不回来了。

老洪：并不是所有文件都能找回来，因此在管理文件时还是要小心一点儿。

学习目标

○ 掌握使用DiskGenius调整分区容量的方法
○ 掌握使用DiskGenius创建分区的方法
○ 掌握使用Recuva恢复被删除文件的方法
○ 掌握使用Recuva恢复被格式化磁盘中的文件的方法

技能目标

○ 能使用DiskGenius重新分配硬盘中各磁盘的容量
○ 能使用Recuva恢复被删除和丢失的重要文件

 任务一　使用 DiskGenius 为磁盘分区

DiskGenius 是一款高性能、高效率、在 Windows 环境下运行的磁盘分区和管理软件，该软件可以对磁盘进行新建分区、重新分区、格式化分区和调整分区容量等操作。

任务目标

使用 DiskGenius 优化磁盘，加快应用程序和系统的运行速度，并且在不损失磁盘数据的情况下调整分区容量，对磁盘进行分区管理。本任务主要练习调整分区容量、创建分区、无损分割分区等操作。通过完成本任务，用户可掌握使用 DiskGenius 为磁盘分区的操作方法。

相关知识

启动 DiskGenius，进入 DiskGenius 的操作界面，如图 1-1 所示，该界面由标题栏、菜单栏、工具栏和驱动器显示窗口组成。

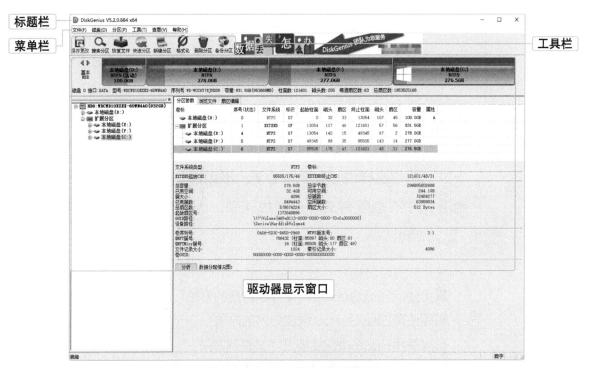

图1-1　DiskGenius 的操作界面

在进行磁盘分区的操作前，应了解磁盘和分区的相关知识。

● 磁盘属于存储器，由金属磁片制成。因为磁片有记忆功能，所以存储到磁片上的数据，不论是在通电情况下还是断电情况下都不会丢失。

硬盘分区分为主分区、扩展分区和逻辑分区 3 种。一个硬盘可以有一个主分区和一个扩展分区，也可以只有一个主分区而没有扩展分区，逻辑分区可以有若干个。主分区是硬盘的启动分区，它是独立的，也是硬盘的第一个分区。分出主分区后，通常将剩下的部分全部分成扩展分区。但扩展分区不能直接使用，它要以逻辑分区的方式来使用，因此扩展分区可分成若干个逻辑分区。扩展分区和逻辑分区是包含与被包含的关系，每个逻辑分区都是扩展分区的一部分。

 任务实施

1. 调整分区容量

使用 DiskGenius 调整分区容量是指扩大或缩小分区的容量，磁盘的总容量不会发生改变，但另一个分区的容量会相应地缩小或扩大。在下面的实例中，磁盘内已经安装了操作系统，这里将本地磁盘 E 盘的容量缩小为 80GB，具体操作如下。

微课视频

调整分区容量

① 启动 DiskGenius，选择"本地磁盘（E:）"选项，选择【分区】/【调整分区大小】菜单命令，如图 1-2 所示。

② 打开"调整分区容量"对话框，在"调整后容量"数值框中输入"80.00GB"，单击 开始 按钮，如图 1-3 所示。

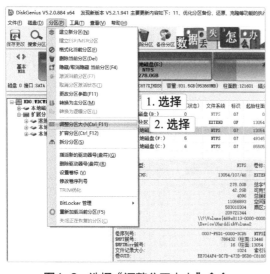

图1-2 选择"调整分区大小"命令

图1-3 调整分区容量

③ 在打开的"DiskGenius"提示对话框中单击 是(Y) 按钮，如图 1-4 所示。

④ 打开"重新启动"提示对话框，选中"完成后"复选框和"重启 Windows"单选项，单击 确定 按钮，如图 1-5 所示。

图1-4　确认调整分区操作　　　　　　　　图1-5　"重新启动"提示对话框

⑤　在打开的"DiskGenius"提示对话框中单击 确定 按钮，如图 1-6 所示。软件会调整分区容量，并显示调整进度条，完成后计算机将自动重启，调整分区容量的操作完成。

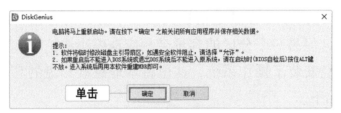

图1-6　确认重新启动操作

2. 创建分区

微课视频

创建分区

使用 DiskGenius 可以方便地在现有磁盘分区的基础上新建一个分区。下面将创建新的分区，具体操作如下。

❶ 启动 DiskGenius，在操作界面的分区列表中选择"空闲"选项，单击"新建分区"按钮，在打开的对话框中选中"逻辑分区"单选项，其他设置保持默认状态，单击 确定 按钮，如图 1-7 所示。

图1-7　创建分区

② 完成创建分区操作后，选择【磁盘】/【保存分区表】菜单命令，如图 1-8 所示。

③ 在打开的"DiskGenius"提示对话框中单击 是(Y) 按钮确认保存分区表，如图 1-9 所示。

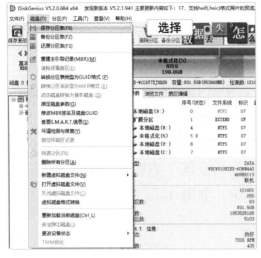

图1-8　保存分区表　　　　　　　　　　　　图1-9　确认保存分区表

④ 打开的"DiskGenius"提示对话框中单击 确定 按钮确认继续保存分区表，如图 1-10 所示。

⑤ 单击"格式化"按钮⊘，在打开的"格式化分区（卷）本地磁盘（G:）"对话框中单击 格式化 按钮，将分区后的磁盘空间按指定的文件系统格式划分存储单元，即将该分区用作文件管理，如图 1-11 所示。在打开的提示对话框中单击 是(Y) 按钮。

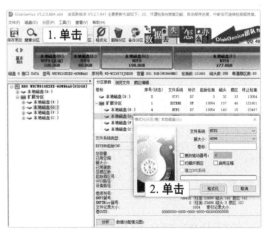

图1-10　确认继续保存分区表　　　　　　　图1-11　格式化分区

在某些情况下，执行完任务后，软件会自动重启计算机，并在重新进入系统后自动生效。

知识补充

3. 无损分割分区

使用 DiskGenius 还可以在无损数据的前提下将一个含有数据的分区分割为两个分区，并且可以自定义每个分区中保存的数据，这就是无损分割分区。但是无损分割分区有一定的风险，建议先备份资料再进行无损分割分区。下面利用 DiskGenius 进行无损分割分区，具体操作如下。

❶ 启动 DiskGenius，在操作界面的分区列表中选择"本地磁盘（G:）"选项，然后选择【分区】/【调整分区大小】菜单命令，如图 1-12 所示。

❷ 打开"调整分区容量"对话框，在"调整后容量"数值框中输入"100.00GB"，然后单击"本地磁盘（G:）"选项，激活"分区后部的空间"右侧的下拉列表框，在下拉列表框中选择"建立新分区"选项，单击 开始 按钮，如图 1-13 所示。

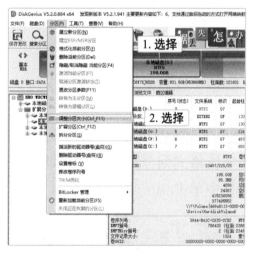

图1-12　选择"调整分区大小"命令

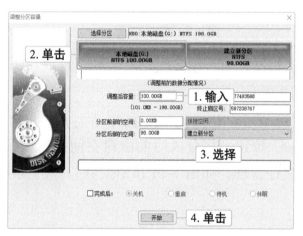

图1-13　调整分区容量

知识补充

在进行无损分割分区操作时，"调整后容量"的数值应大于当前分区中存放文件的容量，如这里分区中存放文件的容量为 100GB，那么"调整后容量"的数值应大于 101GB，否则将出现错误，严重时将丢失文件。

❸ 在打开的"DiskGenius"提示对话框中单击 是(Y) 按钮确认调整分区，如图 1-14 所示。

❹ 软件开始对所选分区执行分割操作，并显示分割进度，完成分割后，在打开的"调整分区容量"对话框中单击 完成 按钮，如图 1-15 所示。

❺ 返回 DiskGenius 操作界面，可查看执行无损分割分区操作后的结果，如图 1-16 所示。

图1-14 确认调整分区

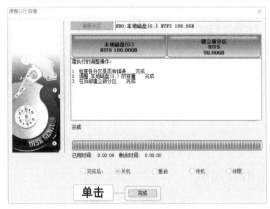

图1-15 分割进度

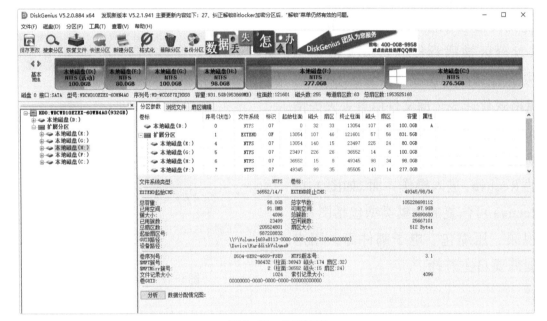

图1-16 分区结果

知识补充

如果对分区的容量分配结果不满意，可以单击"删除分区"按钮删除分区，将其转换为空闲容量，然后创建新的分区，重新配置分区的容量。另外，应尽量少地进行磁盘分区操作，因为磁盘分区有一定的风险，一旦在分区过程中遇到断电的情况，可能会造成数据丢失或磁盘损坏。

任务二　使用 Recuva 恢复磁盘数据

Recuva 是一款功能非常强大的磁盘数据恢复软件，可帮助用户恢复由于误操作删除，或因格式化磁盘丢失的数据，还可修复损坏的 Word、Excel 和 PowerPoint 文件。

任务目标

使用 Recuva 恢复磁盘中的数据，主要练习恢复被删除的文件及恢复被格式化磁盘中的图片等常用操作。通过本任务的学习，用户可掌握使用 Recuva 恢复磁盘数据的操作方法。

相关知识

Recuva 是 Windows 平台下的免费文件恢复工具，可以用来恢复那些被误删除的任意格式的文件，能直接恢复硬盘、闪盘、存储卡中的文件，当然前提是磁盘没有被重复写入数据。即便出现文件被误删除（且回收站中已清除）、磁盘分区被病毒侵蚀造成文件信息全部丢失、物理故障造成磁盘分区不可读，以及磁盘格式化造成全部文件信息丢失等情况，Recuva 也能够通过直接扫描目标磁盘抽取并恢复文件信息。

启动 Recuva，进入操作界面，如图 1-17 所示。Recuva 可恢复的数据类型包括图片、文档、视频、压缩包、电子邮件等，用户可以根据需要自主选择。

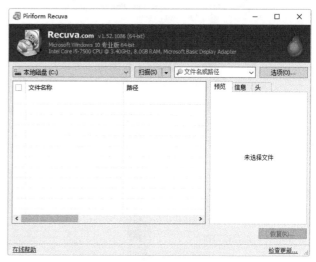

图1-17　Recuva操作界面

任务实施

1. 恢复被删除的文件

在使用计算机的过程中，许多用户会通过单击鼠标右键或按【Delete】键删除文件，这样操作被删除的文件会暂时保存在回收站，以避免误删除造成文件丢失。但是有的用户会按【Shift+Delete】组合键删除文件，这样文件会不经回收站直接被删除，也就无法通过回收站恢复。此时可使用 Recuva 进行恢复，具体操作如下。

微课视频

恢复被删除的文件

❶ 启动 Recuva，如果用户是第一次使用该软件，则会启动 Recuva 向导界面，如图 1-18 所示，单击 取消 按钮即可返回 Recuva 操作界面。

❷ 选择被删除文件的存放位置，此处在"路径"下拉列表中选择"本地磁盘（G:）"选项，然后单击 扫描(S) ▼ 按钮，如图 1-19 所示。

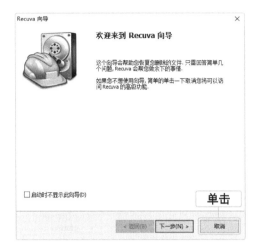

图1-18　Recuva向导界面

图1-19　选择被删除文件的存放位置

③ Recuva 开始扫描该磁盘中被删除的文件，扫描结果如图 1-20 所示。

④ 在扫描结果中找到被删除的文件，选中想要恢复的文件前的复选框，然后单击右下方的 恢复(R)… 按钮，开始恢复文件，如图 1-21 所示。

图1-20　扫描结果

图1-21　选择要恢复的文件

⑤ 在打开的"浏览文件夹"对话框中选择恢复文件的存放位置，此处选择"本地磁盘（G:）"选项，然后单击 确定 按钮，如图 1-22 所示。

⑥ 成功恢复后会弹出"操作完成"提示对话框，单击 确定 按钮即可，如图 1-23 所示。此时在设置好的存放位置即可查看被恢复的文件，如图 1-24 所示。

知识补充

　　在扫描结果中，文件名称前会存在 3 种状态，绿灯为"良好状态"，说明该文件还没有被覆盖，恢复的成功率比较大；黄灯为"不理想状态"，表明该文件可能已经被覆盖，恢复的成功率不大；红灯则为"最差状态"，表明文件恢复基本无望。

图1-22　选择恢复文件的保存位置

图1-23　操作完成

图1-24　成功恢复被删除的文件

知识补充

因为在扫描结果中，有的文件不一定会以用户当初删除时的文件名出现，所以有时候可能要花时间辨认。通常情况下，通过回收站删除的文件，其文件名可能会变得和之前不同，而利用【Shift+Delete】组合键直接删除的文件，会保留之前的文件名。

2. 恢复被格式化磁盘中的图片

除了恢复被误删的文件，Recuva 还可以恢复被格式化磁盘中的文件。下面恢复被格式化磁盘中的图片，具体操作如下。

微课视频

恢复被格式化
磁盘中的图片

❶ 启动 Recuva，选择被格式化的磁盘，此处选择"本地磁盘（G:）"选项，然后单击 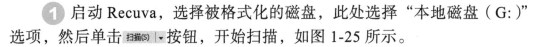 按钮，开始扫描，如图 1-25 所示。

❷ 扫描完成后，选择"文件名或路径"下拉列表中的"图片"选项，扫描结果中仅显示扫描到的图片，如图 1-26 所示。

图1-25 开始扫描

图1-26 扫描结果

❸ 找到需要恢复的图片，选中图片名称前的复选框，然后单击右下方的 恢复(R)... 按钮，开始恢复图片，如图 1-27 所示。

❹ 在打开的"浏览文件夹"对话框中选择恢复图片的存放位置，此处选择桌面上的"格式化的图片"文件夹，然后单击 确定 按钮，如图 1-28 所示。

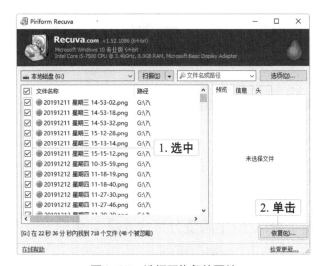

图1-27 选择要恢复的图片

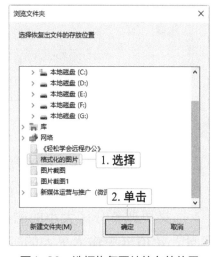

图1-28 选择恢复图片的存放位置

❺ 恢复成功后会弹出"操作完成"提示对话框，单击 确定 按钮即可。

实训一 重新为磁盘分区

【实训要求】

为了保障计算机正常运转，通常系统盘在安装操作系统后需要留有足够的剩余空间。而其他分区由于保存的文件不同，空间大小也会有所不同，如用于存放工作资料的分区可分配更大的空间，用于存放娱乐文件的分区

微课视频

重新为磁盘分区

可以少分配一些空间。本实训要求重新为硬盘的磁盘分区，增大系统盘的容量，重新分配其他分区的容量。

【实训思路】

本实训可运用前面所学的使用 DiskGenius 为磁盘分区的知识来操作。先删除除系统盘外的其他分区，然后增大系统盘分区的容量，最后对空闲容量重新进行分配。重新为磁盘分区操作思路，如图 1-29 所示。

图1-29   重新为磁盘分区操作思路

【步骤提示】

❶ 启动 DiskGenius，在其操作界面中选择系统盘外的分区，单击"删除分区"按钮🗑，然后选择【磁盘】/【保存分区表】菜单命令。

❷ 选择要调整分区大小的磁盘，选择【分区】/【调整分区大小】菜单命令，在"调整后容量"数值框中输入更大的容量值，然后单击 开始 按钮。

❸ 选择"空闲"磁盘，单击"新建分区"按钮 新建逻辑分区，根据需要划分磁盘的大小，完成后单击"保存更改"按钮🖫，在打开的对话框中单击 是(Y) 按钮格式化分区，最后重启计算机使设置生效。

实训二   恢复 F 盘中被删除的 Excel 表格

【实训要求】

使用 Recuva 恢复 F 盘中被删除的 Excel 表格，进一步熟悉使用 Recuva 恢复被删除文件的操作方法。

微课视频

恢复 F 盘中被删除的 Excel 表格

【实训思路】

本实训将运用前面所学的使用 Recuva 恢复磁盘数据的知识进行操作。启动 Recuva 后，先扫描目标磁盘和文件，然后选择需要恢复的 Excel 表格，再选择另外的磁盘作为恢复 Excel 表格的存放位置，其操作思路如图 1-30 所示。该思路还可以用于恢复磁盘中被删除的其他类型的文件。

图1-30　恢复F盘中被删除的Excel表格的操作思路

【步骤提示】

① 启动 Recuva，选择要恢复的 Excel 表格所在的 F 盘，在"文件名或路径"栏中输入"*.xls| *.xlsx"，然后单击 扫描(S) 按钮扫描文件。

② 在扫描结果中选中要恢复的 Excel 表格名称前的复选框，单击 恢复(R)... 按钮。

③ 在打开的"浏览文件夹"对话框中设置恢复 Excel 表格的存放位置，然后单击 确定 按钮，开始恢复文件。

④ 操作成功后，在设置好的存放位置即可查看恢复的 Excel 表格。

课后练习

练习1：磁盘分区

安装 DiskGenius，启动该软件后，查看当前计算机上各磁盘的分区，然后练习调整分区容量和进行无损分割分区等操作。

练习2：恢复被彻底删除的文件

尝试使用 Recuva 恢复计算机中被彻底删除的文件。

1. 其他磁盘分区和管理软件

除了 DiskGenius 外，DM（Disk Manager）、Fdisk 和 PartitionMagic 等都是磁盘分区和管理软件，其功能包括格式化分区、新建分区、调整分区容量等。

2. DiskGenius 的其他磁盘管理功能

● **备份分区**。用 DiskGenius 提供的"备份分区"功能可以对当前磁盘中的重要分区进行备份，包括"全部复制""按结构复制""按文件复制"3 种备份方式，以满足不同的需求。备份分区的操作方法如下：选择需要备份的分区，然后选择【工具】/【备份分区到镜像文件】菜单命令，打开"将分区（卷）备份到镜像文件"对话框，单击 备份选项 按钮，在打开的对话框中选择备份方式，完成备份。

● **隐藏分区**。为了满足工作和生活需要，有时可能需要隐藏某些包含私密数据的分区，利用 DiskGenius 的"隐藏分区"功能可轻松实现。其操作方法如下：先选择需隐藏的分区，然后选择【分区】/【隐藏/取消隐藏 当前分区】菜单命令，再在打开的对话框中单击 确定 按钮，即可将选择的分区立即隐藏。若要读取隐藏分区中的数据，只需在操作界面再次选择【分区】/【隐藏/取消隐藏 当前分区】菜单命令即可。

3. 使用 DiskGenius 恢复文件

使用 DiskGenius 也可以恢复计算机中被删除的文件。其操作方法如下：在操作界面的分区列表中选择要恢复数据的分区，单击"恢复文件"按钮，打开"恢复文件 - 本地磁盘（G:）"对话框，在"恢复选项"栏中可选择恢复方式，单击 开始 按钮开始扫描被删除的文件，扫描完成后，在需要恢复的文件上单击鼠标右键，在弹出的快捷菜单中选择相应的命令便可将文件复制到指定文件夹、"桌面"或"我的文档"中，如图 1-31 所示。

图1-31　将恢复文件保存到指定位置

项目二

系统维护与备份工具

02

情景导入

老洪：米拉，你的计算机是不是运行得越来越慢了？

米拉：是的，我一直在想办法解决，却束手无策。

老洪：你可以使用Win 10优化大师对系统性能进行优化。另外，还可以使用360安全卫士查杀计算机中的木马病毒，维护计算机系统的安全，使计算机稳定、高效、安全地运行。

米拉：那有没有什么工具可以对系统进行备份呢？

老洪：这个简单，推荐你使用一键Ghost备份和恢复系统，使用这款软件备份和恢复系统非常高效。

米拉：这样呀，只要认真学习了相关知识，计算机系统再出现问题，我就不用发愁了！

学习目标

○ 掌握使用Win 10优化大师优化系统的各类操作方法
○ 掌握使用360安全卫士查杀木马病毒并进行安全防护的操作方法
○ 掌握使用一键Ghost备份和恢复系统的操作方法

技能目标

○ 能使用Win 10优化大师优化系统性能
○ 能使用360安全卫士查杀木马病毒并进行安全防护
○ 能使用一键Ghost备份和恢复系统

任务一　使用 Win 10 优化大师优化系统

Win 10 优化大师是一款功能强大的系统优化软件，它提供了全面、有效、简便、安全的软件管理、缓存清理等功能。

 **任务目标**

使用 Win 10 优化大师对系统进行优化，减小系统冗余，主要练习设置向导、清理应用缓存等操作。通过本任务的学习，用户可以掌握 Win 10 优化大师的基本操作。

 **相关知识**

Win 10 优化大师能够帮助用户了解自己的计算机、简化操作系统的设置步骤、提高计算机的运行效率、清理系统运行产生的垃圾、维护系统的正常运转。Win 10 优化大师的操作界面如图 2-1 所示。

图2-1　Win 10优化大师的操作界面

 **任务实施**

1. 设置向导

安装好 Win 10 优化大师后，就可以使用它对系统进行优化了。初次使用

微课视频
设置向导

Win 10 优化大师时，将自动打开"设置向导"对话框。用户可根据提示快速设置，具体操作如下。

❶ 启动 Win 10 优化大师，打开"Win 10 优化大师设置向导"对话框。首先需要设置安全加固，单击"在文件资源管理器里面显示文件的扩展名"和"开启 Windows 用户账户控制系统（简称 UAC）"后的 ◯ 按钮，然后单击 下一步 按钮，如图 2-2 所示。

❷ 选中"网络优化"选项卡中的"浏览器主页"和"浏览器搜索引擎"下方的"保持原有"单选项，其他保持系统默认设置，然后单击 下一步 按钮，如图 2-3 所示。

图2-2　设置安全加固

图2-3　设置网络优化

❸ 单击"个性设置"选项卡中的"删除文件到回收站时打开确认提示框"和"使用文件资源管理器 Ribbon 界面"后的 ◯ 按钮，然后单击 下一步 按钮，如图 2-4 所示。

❹ 保持"易用性改善"选项卡中的默认设置，然后单击 下一步 按钮。完成后，取消选中"添加 Win 10 优化大师到任务栏""添加软媒 IT 之家到任务栏""添加 hao123 网址导航到浏览器收藏夹"复选框，然后单击 完成 按钮，如图 2-5 所示。

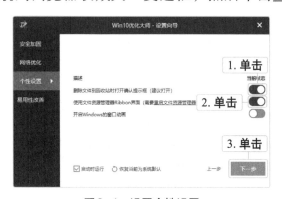
图2-4　设置个性设置

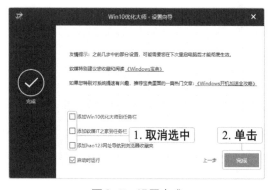
图2-5　设置完成

2. 清理应用缓存

使用 Win 10 优化大师还可以清理应用缓存，从而改善系统的总体性能，加快计算机系统的运行速度。下面使用 Win 10 优化大师清理 Windows Store 应用缓存，具体操作如下。

微课视频
清理应用缓存

① 启动 Win 10 优化大师，单击"Windows Store 应用缓存清理"按钮，打开"Win 10 优化大师 -Windows Store 应用缓存清理"对话框，在"应用商店"文件夹中单击选中需清理的应用前的复选框，然后单击 扫描 按钮，如图 2-6 所示。

② 稍等片刻后扫描完成，若有缓存，则单击 清理 按钮进行清理，清理完成后单击 ⊠ 按钮退出；若没有缓存，则直接单击⊠按钮退出，如图 2-7 所示。

图2-6　扫描应用

图2-7　扫描结果

任务二　使用 360 安全卫士维护安全

360 安全卫士是一款功能强大的安全维护软件。它拥有对计算机进行体检、查杀木马病毒、开启木马病毒防火墙等多个强大功能，以及计算机清理、系统修复和优化加速等常用辅助功能。

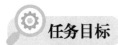 **任务目标**

使用 360 安全卫士维护计算机系统安全，加快系统运行速度，主要练习对计算机进行体检、木马病毒查杀、开启木马病毒防火墙等操作，还包括常用辅助功能的运用。通过本任务的学习，用户可以掌握使用 360 安全卫士维护系统安全的操作。

相关知识

360 安全卫士是一款由北京奇虎科技有限公司推出的维护上网安全软件，它使用方便、应用全面、功能强大，在国内拥有良好的口碑。图 2-8 所示为 360 安全卫士 12.0 正式版的操作界面。在图 2-8 中,上方的功能选项卡清晰地呈现了 360 安全卫士具有的功能；右侧是 360 安全卫士特有的快捷按钮，单击快捷按钮可进入相应的操作界面；左边是操作与信息显示区。

图2-8　360安全卫士12.0正式版的操作界面

 任务实施

1. 对计算机进行体检

使用360安全卫士对计算机进行体检，实际上是对其进行全面扫描，让用户了解计算机当前的使用状况，并提供安全维护方面的建议。具体操作如下。

① 下载并安装360安全卫士，然后启动360安全卫士。

② 打开360安全卫士，此时操作界面中间显示的是当前计算机的体检状态，单击 立即体检 按钮。

③ 软件对计算机进行全面扫描，同时在操作界面中显示扫描进度并动态显示检测结果，如图2-9所示。

微课视频

对计算机进行
体检

图2-9　扫描进度及检测结果

④ 扫描完成后，单击 一键修复 按钮，如图 2-10 所示。

图2-10　一键修复

⑤ 通过一键修复，360 安全卫士会自动解决计算机存在的问题，若有些问题的解决需要用户进一步确认，360 安全卫士会打开相应的对话框进行提示，如图 2-11 所示。在对话框中，选中"全选"复选框可选择所有选项，单击"忽略"超链接可忽略该选项，然后单击 确认优化 按钮。

图2-11　需用户再次确认的问题

⑥ 修复完成后，360 安全卫士的界面如图 2-12 所示，单击 完成 按钮即可。另外，有时还需要用户重启计算机才能使修复生效，用户在完成其他操作后可手动重启计算机。

图2-12　完成修复

知识补充

通常情况下，对计算机进行体检的目的是检查计算机是否存在漏洞、是否需要安装补丁和是否存在系统垃圾。体检完毕，单击界面右下方的"查看体检报告"链接，可以查看本次体检的项目和扫描用时。需要说明的是，若360安全卫士只是提示软件更新和IE主页未锁定等信息，用户可不做特别处理，其对计算机的运行速度并无影响。

2．木马病毒查杀

360安全卫士提供了木马病毒查杀功能，使用该功能可对计算机进行扫描，查杀计算机中的木马病毒，实时保护计算机，具体操作如下。

微课视频

木马病毒查杀

❶ 启动360安全卫士，单击"木马查杀"选项卡，再单击 快速查杀 按钮，如图2-13所示。

图2-13　开始查杀

知识补充　　除了常规的快速查杀模式外，360安全卫士操作界面右侧还有全盘查杀模式和按位置查杀模式可供选择。单击"全盘查杀"按钮，360安全卫士会对整台计算机进行详细、全面的查杀；单击"按位置查杀"按钮，360安全卫士会对用户指定的某个位置进行查杀。另外，单击 强力查杀 按钮激活强力查杀功能，360安全卫士还可以查杀更加顽固的驱动木马病毒。

② 软件以常规模式扫描时，操作界面中会显示扫描进度条，并在扫描进度条下方显示扫描项目，如图2-14所示。

图2-14　扫描进度及扫描项目

③ 扫描完成后，操作界面中会罗列可能存在风险的项目，单击 一键处理 按钮，软件即可开始处理危险项，如图2-15所示。

图2-15　一键处理危险项

④ 处理完成后，单击 完成 按钮即可，如图2-16所示。另外，在处理某些木马病毒时，360安全卫士还会打开提示对话框，单击 确定 按钮将重启桌面和浏览器，然后处理木马病毒和危险项，处理完成后，将打开提示对话框，提示处理成功。此时360安全卫士会建议立刻重启计算机，单击 好的，立刻重启 按钮。重新启动计算机后，再次打开360安全卫士对计算机进行查杀木马病毒操作，确保计算机的安全。

图2-16　处理完成并查看查杀报告

知识补充

　　在木马查杀界面的右下角选中"扫描完成后自动关机（自动清除木马）"复选框，360安全卫士将自动处理木马病毒和危险项，并在处理完成后自动关闭计算机。

3. 开启木马病毒防火墙

360安全卫士的木马病毒防火墙功能能够有效防止木马病毒入侵，为用户营造安全的计算机运行环境。开启木马病毒防火墙的具体操作如下。

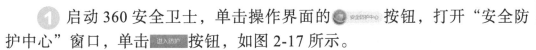

① 启动360安全卫士，单击操作界面的  按钮，打开"安全防护中心"窗口，单击 进入防护 按钮，如图2-17所示。

微课视频
开启木马病毒防火墙

图2-17　进入防护

② 进入"安全防护中心"界面，先单击"浏览器防护体系"选项卡，再单击"上

网首页防护"栏的"设置"按钮⚙。打开"360安全防护中心－浏览器防护设置"对话框，单击 一键锁定 按钮，如图2-18所示。

图2-18　开启上网首页防护

单击 一键锁定 按钮后，"默认浏览器防护"也会开启，其会将默认浏览器锁定为360安全浏览器。另外，如果计算机系统使用的浏览器主页不是"360安全网址导航"，那么在使用360安全卫士这类安全防护软件时，需要解锁之前锁定的主页。

③ 单击"入口防护体系"选项卡，再单击"局域网防护"选项的⚪按钮。打开"360安全防护中心"提示对话框，局域网用户建议开启此功能（家庭用户不建议开启该功能），单击 确定 按钮确认开启此功能，如图2-19所示。

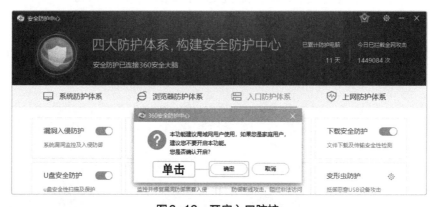

图2-19　开启入口防护

如果要关闭各类已开启的防护，只需单击关闭防护选项右侧的⚫按钮。用户在不清楚防护功能的具体作用时，建议保持默认设置。

4．常用辅助功能

360安全卫士是一款功能较全面的工具软件，除前文讲述的功能外，它还集合了计算机清理、系统修复和优化加速等常用辅助功能，帮助用户对计算机进行相应的管理与维护。下面介绍360安全卫士的常用辅助功能。

（1）计算机清理

计算机中残留的无用文件、浏览网页时产生的垃圾文件，以及日常填写的网页搜索内容、注册表单等信息会给系统运行增加负担。使用360安全卫士可清理系统垃圾与网络痕迹，具体操作如下。

微课视频
计算机清理

❶ 启动360安全卫士，单击"电脑清理"选项卡，在界面中单击 全面清理 按钮，如图2-20所示。

知识补充

　　除了常规的清理模式，用户在界面右侧还可以选择单项清理模式、经典版清理模式、照片清理模式。单击"单项清理"按钮🧹，打开的列表框中包含了"清理垃圾""清理插件""清理注册表""清理Cookies""清理痕迹""清理软件"等选项，用户可选择自己想清理的项目。单击"经典版清理"按钮🧹，可切换到360安全卫士的经典版清理界面，其信息显示更直观。单击"照片清理"按钮📷，360安全卫士会智能分析计算机中存放的照片，分析相似、模糊、单色调、过亮、过暗的照片并进行分类优化。

图2-20　开始清理

❷ 软件开始扫描计算机中的系统垃圾、不需要的插件、网络痕迹和注册表中多余的项目，并显示扫描结果；扫描完成后，软件将自动选择对系统或文件没有影响的项目，然后单击 一键清理 按钮，如图2-21所示。

图2-21　一键清理

❸ 软件开始清理，清理完成后，单击 完成 按钮即可，如图 2-22 所示。另外，单击未选中项目下方的 详情 按钮，用户可以自行清理 360 安全卫士没有选择清理的项目。

图2-22　清理完成

（2）系统修复

360 安全卫士的系统修复功能主要用于修复漏洞，防止非法人士将病毒植入漏洞，从而窃取计算机中的重要资料，有的病毒甚至会破坏系统，使计算机无法正常运行。使用 360 安全卫士进行系统修复的具体操作如下。

微课视频

系统修复

❶ 启动 360 安全卫士，单击"系统修复"选项卡，单击 全面修复 按钮，软件开始扫描当前系统是否存在漏洞，如图 2-23 所示。

图2-23　开始扫描

❷ 扫描完成后，若系统存在漏洞，则单击 一键修复 按钮，软件会自动修复漏洞。一般来说，因为系统修复耗时较长，所以可单击 后台修复 按钮，进行后台修复，便于用户进行其他操作，如图 2-24 所示。

图2-24 修复漏洞

❸ 修复完成后，界面将提示修复已完成，单击 返回 按钮即可，如图 2-25 所示。修复完成后，用户可再次扫描，以确定系统不存在漏洞。

图2-25 修复完成

知识补充 使用系统修复功能时，软件一般会自动扫描计算机是否存在高危漏洞、软件更新、可选高危漏洞等项目。若扫描结果为不存在，则软件不会自动修复，此时用户可对扫描结果中罗列的栏目进行自定义扫描；若存在漏洞，则需选中要修复项目前的复选框，单击 一键修复 按钮进行修复。

（3）优化加速

360 安全卫士主要从"开机加速""软件加速""系统加速""网络加速""硬盘加速""Win 10 加速"等方面进行优化加速，具体操作如下。

❶ 启动 360 安全卫士，单击"优化加速"选项卡，单击 全面加速 按钮，如图 2-26 所示。

微课视频
优化加速

图2-26　开始优化加速

② 软件开始扫描计算机中可优化加速的项目，并显示具体信息，扫描完成后单击
立即优化 按钮，如图 2-27 所示。

③ 此时会弹出"一键优化提醒"对话框，该对话框中显示了需要用户自行决定是
否优化的项目，此处选中"全选"复选框，选择所有选项，然后单击 确认优化 按钮进行优化，
如图 2-28 所示。

图2-27　立即优化

图2-28　确认优化

④ 优化加速完成后，单击 完成 按钮。

任务三　使用一键 Ghost 备份和恢复系统

一键 Ghost 是一款能为用户提供系统升级、备份和恢复、PC 移植等功能的 PC 端应用。一键 Ghost 能通过克隆硬盘，帮助用户进行系统升级、备份和恢复等操作，避免用户计算机中的数据遗失或损毁。

 任务目标

使用一键 Ghost 备份和恢复系统，主要练习转移个人文件、备份系统和恢复系统等操作。通过本任务的学习，用户可以掌握使用一键 Ghost 备份和恢复系统的基本操作，并了解其基本原理。

相关知识

对于计算机"小白"来说，当计算机出现问题不知道如何解决的时候，想到的第一个解决方法就是重装系统。然而频繁地重装系统并不是什么好事，而且费时费力。其实，用户可以在计算机功能正常的时候做好备份，在系统发生问题时进行系统恢复，就可以很好地解决大部分问题。使用一键 Ghost 进行系统恢复操作前，用户需在系统未出

现问题时对其进行备份。这相当于把正常的系统复制一份存放起来，当系统出现问题后，再使用一键 Ghost 将系统恢复到正常状态。

图 2-29 所示为一键 Ghost 的操作界面，该软件的主要功能包括一键备份系统、一键恢复系统、中文向导、GHOST、DOS 工具箱。在网上搜索一键 Ghost 并下载，按照一般软件的安装方法进行安装即可使用。

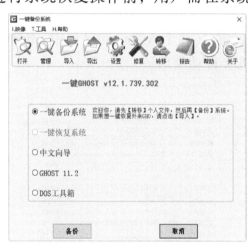

图 2-29　一键 Ghost 的操作界面

 任务实施

1. 转移个人文件

利用一键 Ghost 备份和恢复系统，首先需要转移个人文件。如果在备份和恢复前不转移个人文件，可能会发生文件丢失的情况。下面介绍转移

转移个人文件

个人文件的操作方法，具体操作如下。

❶ 启动一键 Ghost，单击"转移"选项卡，如图 2-30 所示。

❷ 打开"个人文件转移工具"对话框，选择用于保存文件的目标文件夹，然后单击 ▭转移▭ 按钮开始转移，如图 2-31 所示。

图2-30　单击"转移"选项卡

图2-31　开始转移

❸ 打开"个人文件转换工具"提示对话框，确认是否转移，单击 ▭确定▭ 按钮确认转移文件，如图 2-32 所示。

❹ 在转移个人文件的过程中，不要进行任何操作，如图 2-33 所示。转移文件完成后，计算机会自动重启。

图2-32　确认转移文件

图2-33　文件转移中

⑤ 注销并重启计算机后，启动一键 Ghost，再次单击"转移"选项卡，此时个人文件已转移完毕，软件会提示转移完成，单击 确定 按钮，如图 2-34 所示，然后关闭"个人文件转移工具"对话框。

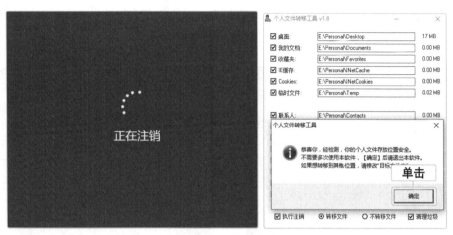

图2-34 转移完毕

2. 备份系统

使用一键 Ghost 备份数据实际上就是将整个磁盘中的数据复制到另外一个磁盘上，也可以将磁盘数据复制为一个磁盘的映像文件。在转移个人文件以后，就可以开始备份系统了。下面使用一键 Ghost 备份系统，具体操作如下。

备份系统

① 启动一键 Ghost，在操作界面中选中"一键备份系统"单选项，然后单击 备份 按钮。

② 在打开的"一键 GHOST"提示对话框中单击 确定 按钮重启计算机，如图 2-35 所示。想要备份系统，就需要重新启动计算机，此时应当确保保存了打开的文件和关闭了正在使用的其他软件，否则会有文件丢失的可能。

③ 重启后将自动进入"GRUB4DOS"引导界面，此时默认操作为"GHOST, DISKGEN, HDDREG, MHDD, DOS"，如图 2-36 所示，倒计时结束后进入下一项。如果用户想要手动进行设置，可以选择"Win 7/Win 8/Win 10"。

图2-35 确认重启计算机

图2-36 "GRUB4DOS"引导界面

④ 进入"Microsoft MS-DOS"引导界面,选择一键备份工具,此时默认操作为"1KEY GHOST11.2"，如图 2-37 所示，倒计时结束后进入下一项。

⑤ 依然在"Microsoft MS-DOS"引导界面，选择驱动器类型（驱动器类型包括 IDE/SATA、SATA only、USB-DISK、USB-CD），此时默认操作为"IDE/SATA"，如图 2-38 所示，倒计时结束后进入下一项。

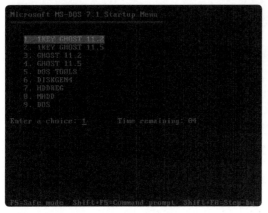

图2-37 选择一键备份工具

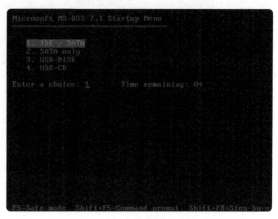

图2-38 选择驱动器类型

⑥ 打开"一键备份系统"提示对话框，按【B】键开始备份，如图 2-39 所示，此步骤有 10 秒的倒计时，结束后即自动开始备份操作。

⑦ 打开"Symantec Ghost 11.0.2"界面，界面中会显示备份进度，如图 2-40 所示，当界面中的系统备份进度条达到 100% 时即表示系统备份成功。

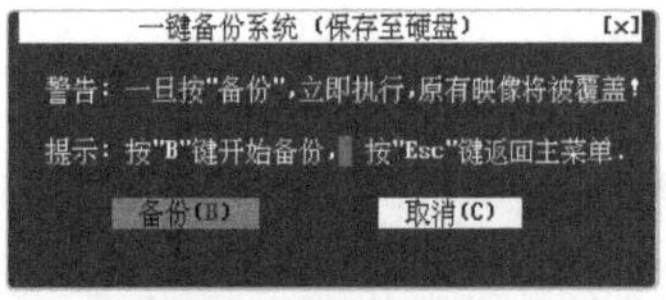

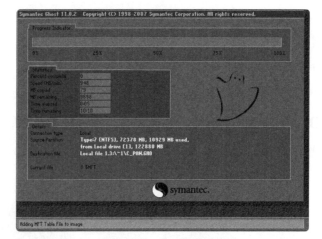

图2-39 确认备份

图2-40 显示备份进度

⑧ 备份成功后，计算机会重新启动，用户在系统磁盘里可以看到一键 Ghost 的备份文件，即文件类型为 GHO（软件镜像文件扩展名）的文件，如图 2-41 所示。

图2-41 备份完成

3. 恢复系统

如果遇到磁盘数据丢失或系统崩溃的情况，可使用一键Ghost恢复备份的系统，前提是已经提前做好了系统备份。下面使用一键Ghost恢复前面备份的系统，具体操作如下。

恢复系统

1 启动一键Ghost，在操作界面中选中"一键恢复系统"单选项，然后单击 恢复 按钮，如图2-42所示。

2 在打开的"一键GHOST"提示对话框单击 确定 按钮重启计算机，如图2-43所示。

3 计算机开始重启，重启后进入系统选项，进入"GRUB4DOS"引导界面，此时选择第一项"GHOST, DISKGEN, HDDREG, MHDD, DOS"，如图2-44所示，然后按【Enter】键进入下一项。

4 进入"Microsoft MS-DOS"引导界面，选择一键备份工具，此时选择第一项"1KEY GHOST11.2"，如图2-45所示，然后按【Enter】键进入下一项。

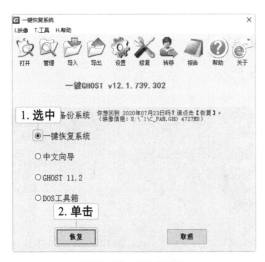

图2-42 开始恢复

图2-43 确定重启计算机

图2-44　"GRUB4DOS"引导界面

图2-45　选择一键备份工具

5 依然在"Microsoft MS-DOS"引导界面，选择驱动器类型，此时选择第二项"SATA only"，如图 2-46 所示，然后按【Enter】键进入下一项。

6 打开"一键恢复系统"提示对话框，按【K】键确认恢复系统，如图 2-47 所示。

图2-46　选择驱动器类型

图2-47　确认恢复系统

7 打开"Symantec Ghost 11.0.2"界面，界面中会显示恢复进度，如图 2-48 所示，当界面中的进度条达到 100% 时，表示恢复系统成功。

8 计算机重启后，恢复系统完成，如图 2-49 所示。

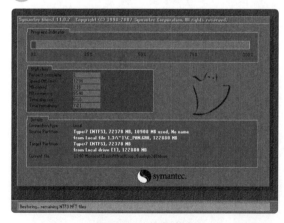

图2-48　恢复进度

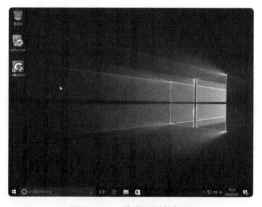

图2-49　恢复系统完成

在使用一键 Ghost 恢复系统期间，计算机会多次自动重启，请用户耐心等候，无须担心。在恢复系统的过程中，用户最好不要进行其他操作，如关闭计算机等，这容易造成恢复系统失败、磁盘毁损，导致数据丢失。

知识补充

使用一键 Ghost 的导入功能，可以将外来的 GHO 文件复制或移动到 "~1" 文件夹中，如此可免刻录安装系统。例如，将下载的通用 GHO 文件或其他同型号计算机的 GHO 文件复制到 "~1" 文件夹中（文件夹中的文件名必须改为 C_PAN.GHO）。使用一键 Ghost 的导出功能，可以将 GHO 文件复制（或另存）到其他地方。例如，将本机的 GHO 文件复制到 U 盘等移动设备中，在导入其他同型号计算机，以达到系统共享的目的。

知识补充

实训一　备份与恢复计算机操作系统

【实训要求】

使用一键 Ghost 练习备份与恢复计算机操作系统。通过本实训用户可以复习并巩固备份与恢复计算机操作系统的操作方法。

【实训思路】

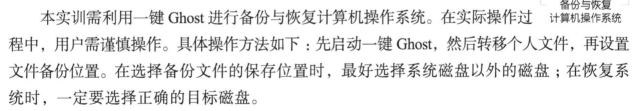

本实训需利用一键 Ghost 进行备份与恢复计算机操作系统。在实际操作过程中，用户需谨慎操作。具体操作方法如下：先启动一键 Ghost，然后转移个人文件，再设置文件备份位置。在选择备份文件的保存位置时，最好选择系统磁盘以外的磁盘；在恢复系统时，一定要选择正确的目标磁盘。

【步骤提示】

1. 启动一键 Ghost，转移个人文件。
2. 选中"一键备份系统"单选项备份计算机操作系统。
3. 选择备份文件的保存位置，然后开始备份。
4. 选中"一键恢复系统"单选项，开始进行恢复计算机操作系统操作。

实训二　查杀木马病毒并使用经典版清理模式清理系统

微课视频

查杀木马病毒并
使用经典版清理
模式清理垃圾

【实训要求】

使用 360 安全卫士查杀木马病毒，并切换到经典版清理模式依次清理垃圾、软件和插件。通过本实训可进一步熟悉 360 安全卫士的使用方法。

【实训思路】

本实训使用 360 安全卫士来操作。启动 360 安全卫士，使用按位置查杀方式查杀木马病毒，然后进入"电脑清理"操作界面，切换到经典版清理模式，依次清理垃圾、软件和插件。按位置查杀木马病毒的界面如图 2-50 所示，经典版电脑清理界面如图 2-51 所示。

图2-50　按位置查杀木马病毒

图2-51　经典版电脑清理界面

【步骤提示】

❶ 启动 360 安全卫士，单击"木马查杀"选项卡，在界面右侧单击"按位置查杀"按钮，打开"360 木马查杀"对话框，在"扫描区域设置"列表中选择需要查杀的区域，然后单击 开始扫描 按钮。

❷ 如果扫描出木马病毒，则单击 一键处理 按钮进行处理。

❸ 单击"电脑清理"选项卡，在操作界面单击"经典版清理"按钮，进入"经典版电脑清理"界面。

❹ 单击"清理垃圾"选项卡，界面将显示扫描出的垃圾，单击 立即清理 按钮清理垃圾。

❺ 单击"清理软件"选项卡，在其中选中要清理的软件前的复选框，单击 一键清理 按钮，在打开的对话框中单击 确定 按钮卸载软件，并删除其中的数据。

❻ 单击"清理插件"选项卡，单击 开始扫描 按钮扫描插件，在扫描结果中选中要清理的插件对应的复选框，单击 立即清理 按钮进行清理。

课后练习

练习1: 使用Win 10优化大师清理应用缓存

应用缓存太多会使计算机的运行速度变慢，甚至导致系统部分功能无法正常实现。练习在计算机中安装 Win 10 优化大师，然后打开应用缓存清理界面，清理应用缓存。

练习2: 对计算机进行体检并查杀木马病毒

启动 360 安全卫士，首先对计算机进行体检，然后根据提示修复，最后使用全盘查杀方式查杀木马病毒。

技能提升

1. 其他系统优化工具

除了前面介绍的 Win 10 优化大师，日常使用的系统优化工具还有 Advanced SystemCare Free 和 CCleaner。Advanced SystemCare Free 主要提供了快速扫描、深度扫描、快速优化和常用工具 4 个功能，能够满足用户的日常系统维护需要，还包含 10 多款风格迥异的皮肤，可以满足不同用户群体的审美需求。CCleaner 是一款强大的系统优化工具，能够扫描并清理注册表垃圾、临时文件夹、历史记录、回收站等垃圾信息。

2. 其他系统备份与恢复软件

一键 Ghost 是一款被广泛使用的系统备份与恢复软件。目前，市面上还有一些类似的软件，如一键系统还原精灵等。使用这类软件时，如果操作不当，就很容易出现问题，因此使用者需具备一定的计算机基础。

3. 使用系统自带功能优化开机速度

Windows 开机加载的程序的多少直接影响 Windows 的开机速度。通过系统自带功能可禁止软件自启动，具体操作如下。

❶ 在任务栏上单击鼠标右键，在弹出的快捷菜单中选择"任务管理器"选项，打开"任务管理器"窗口，如图 2-52 所示。

❷ 单击"启动"选项卡，显示启动列表，若想将某启动项取消，选中该项并单击右下角的  按钮即可，如图 2-53 所示。

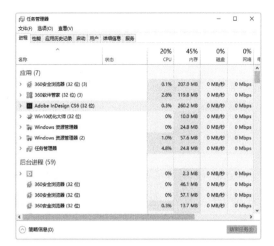

图2-52 "任务管理器"窗口

图2-53 禁止软件自启动

4. 使用360安全卫士更新软件

使用360安全卫士可以高效管理计算机中安装的软件，如更新软件等。使用360安全卫士更新软件的方法如下：启动360安全卫士，单击"软件管家"选项卡，打开"360软件管家"窗口，单击"升级"选项卡，在窗口中查看当前计算机中可升级的软件，单击软件右侧的 升级 按钮或 一键升级 按钮便可对软件进行升级，如图2-54所示。此外，在"360软件管家"窗口单击"卸载"选项卡，在软件右侧单击 卸载 按钮，可卸载该软件。

图2-54 软件升级

项目三

文件管理工具

03

情景导入

米拉：老洪，文件太大，传输要花费很多时间，有办法解决吗？

老洪：你可以先使用WinRAR软件压缩文件，再传输。米拉，我用百度网盘分享了工作文件给你，你记得下载。

米拉：好的，但是我没使用过百度网盘，百度网盘上分享的工作文件该怎样下载呢？

老洪：百度网盘是网络文件传输工具，要想使用它首先需要登录，然后可进行文件的上传、分享和下载。

米拉：那我马上用百度网盘下载你分享的工作文件。老洪，我想更改图片的格式，可以实现吗？

老洪：当然可以，格式工厂几乎可以转换所有图片、音频和视频文件的格式。

学习目标

○ 掌握使用WinRAR压缩和解压文件的操作方法
○ 掌握使用百度网盘传输文件的操作方法
○ 掌握使用格式工厂转换文件格式的操作方法

技能目标

○ 能熟练使用WinRAR快速压缩和解压文件
○ 能运用百度网盘上传、分享、下载文件
○ 能使用格式工厂转换图片、音频和视频文件的格式

任务一　使用 WinRAR 压缩文件

文件压缩是指将大文件压缩成小文件，以节省计算机的磁盘空间，提高文件传输速率。WinRAR 是目前流行的压缩工具软件，它不仅能压缩文件，还能保护文件，便于文件在网络上传输，避免文件被植入病毒。

 **任务目标**

使用 WinRAR 对文件进行压缩管理，主要练习快速压缩文件、加密压缩文件、分卷压缩文件、解压文件和修复损坏的压缩文件等操作。通过本任务的学习，用户可以掌握使用 WinRAR 压缩文件的基本操作。

相关知识

WinRAR 是一款功能强大的压缩工具软件，经其压缩后的文件的格式为 RAR，并且其完全兼容 ZIP 压缩文件格式，压缩比例要比 ZIP 文件大 30% 左右，还可解压 CAB、ARJ、LZH、TAR、GZ、ACE、UUE、BZ2、JAR 和 ISO 等多种格式的压缩文件。

启动 WinRAR，进入操作界面，如图 3-1 所示，该界面与计算机窗口类似，主要由标题栏、菜单栏、工具栏、文件浏览区和状态栏等构成。

图 3-1　WinRAR 的操作界面

 **任务实施**

1. 快速压缩文件

快速压缩是使用 WinRAR 压缩文件常用的方式。它通常可通过操作界面和右键菜单实现。下面分别介绍这两种快速压缩文件的方法。

（1）通过操作界面快速压缩文件

在压缩文件时，可以先启动 WinRAR，再在操作界面添加需要压缩的文件，具体操作如下。

微课视频
使用操作界面快速压缩文件

❶ 启动 WinRAR，在操作界面的地址栏中选择文件的保存位置，在下方列表中选择要压缩的文件，此处选择"工作文件 2020 年 7 月"文件夹，单击"添加"按钮，如图 3-2 所示。

图3-2　选择要压缩的文件

❷ 打开"压缩文件名和参数"对话框，在"压缩文件名"文本框中输入压缩后的文件名，其他保持默认设置，单击　确定　按钮，如图 3-3 所示。

❸ 软件开始对选择的文件进行压缩，并显示压缩进度，如图 3-4 所示。此时压缩产生的文件被保存到被压缩文件的保存位置。

图3-3　设置压缩文件名和参数

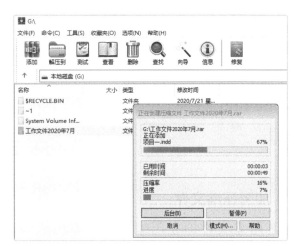

图3-4　开始压缩

知识补充

在"压缩文件名和参数"对话框中选中"压缩后删除原来的文件"复选框，可在压缩后删除被压缩文件。压缩时，也可选择多个文件同时进行压缩。

（2）通过右键菜单快速压缩文件

在计算机中安装 WinRAR 后，相关操作将被自动添加到右键菜单中。通过右键菜单可快速压缩文件，具体操作如下。

微课视频

使用右键菜单快速压缩文件

1 选择要压缩的目标文件，单击鼠标右键，在弹出的快捷菜单中选择对应的压缩命令，此处选择"添加到'第一项 .rar'(T)"命令，如图 3-5 所示。

2 WinRAR 开始压缩文件，并显示压缩进度，压缩完成后，将在当前目录下创建名为"第一项"的压缩文件，如图 3-6 所示。

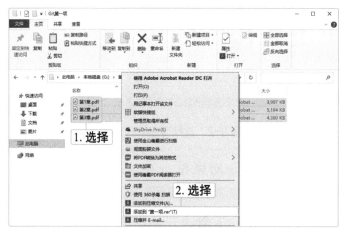

图 3-5   压缩文件

图 3-6   压缩完成

2. 加密压缩文件

加密压缩文件即在压缩文件时添加密码，在解压该文件时就需要输入密码才能进行解压操作。这是一种保护文件信息的方法，可以防止他人任意解压并打开该文件，具体操作如下。

微课视频

加密压缩文件

1 启动 WinRAR，选择要压缩的文件，单击鼠标右键，在弹出的快捷菜单中选择"添加到压缩文件"命令。

②打开"压缩文件名和参数"对话框，单击 设置密码(P)... 按钮，如图 3-7 所示。

③打开"输入密码"对话框，在"输入密码"文本框中输入密码，在"再次输入密码以确认"文本框中再次输入密码，单击 确定 按钮，如图 3-8 所示。

④返回"压缩文件名和参数"对话框，单击"确定"按钮，完成文件的加密操作，此时若需要打开加密后压缩文件，需要先输入正确密码，才能完成打开操作。

图3-7 "压缩文件名和参数"对话框

图3-8 输入密码

3. 分卷压缩文件

WinRAR 的分卷压缩功能可以将文件化整为零，常在网上传输大型文件时使用。分卷传输之后再进行合成操作，既保证了传输的便捷性，又保证了文件的完整性。下面分卷压缩"7 月 25 日笔记"文件，具体操作如下。

微课视频
分卷压缩文件

①在"7 月 25 日笔记"文件上单击鼠标右键，在弹出的快捷菜单中选择"添加到压缩文件"命令，打开"压缩文件名和参数"对话框，在"切分为分卷（V），大小"下拉列表中选择需要分卷的大小或输入自定义的分卷大小，这里直接输入"100"，单击 确定 按钮，如图 3-9 所示。

图3-9 设置分卷大小

❷ 软件开始分卷压缩，压缩完成后，"7月25日笔记"文件将被分解为若干个压缩文件，每个文件最大为100MB，如图3-10所示。

图3-10　分卷压缩文件

4. 解压文件

通常把后缀名为".zip"或".rar"的文件叫作压缩文件或压缩包，这样的文件不能直接使用，需要对其进行解压，这个过程叫作解压文件。下面使用WinRAR解压文件，具体步骤如下。

微课视频

解压文件

❶ 打开压缩文件的保存位置，在压缩文件上单击鼠标右键，在弹出的快捷菜单中选择"解压到当前文件夹"命令，如图3-11所示。

❷ 软件对文件进行解压操作，并显示解压进度，解压后的文件将保存到原位置，如图3-12所示。

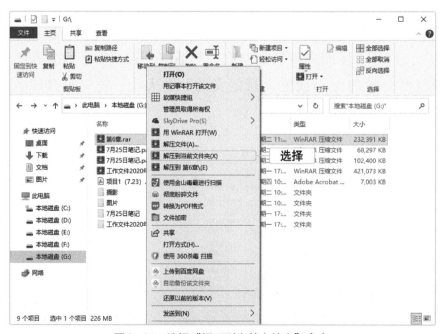

图3-11　选择"解压到当前文件夹"命令

图3-12　解压文件

知识补充　在计算机中安装 WinRAR 后，相关操作会被自动添加到右键菜单中。在待解压文件上单击鼠标右键，在弹出的快捷菜单中选择"解压到'XX（压缩包名称）'"命令，将直接进行解压操作；选择"解压文件"命令，将打开"解压路径和选项"对话框，用户可设置解压文件名称和保存位置，然后进行解压。

5. 修复损坏的压缩文件

如果在解压文件过程中出现错误信息提示，有可能是不慎损坏了压缩文件中的数据，此时可以尝试使用 WinRAR 对其进行修复，具体操作如下。

微课视频

修复损坏的压缩文件

① 启动 WinRAR，在文件浏览区中选择需要修复的压缩文件，此处选择"项目 1（7.23）"，然后单击工具栏中的"修复"按钮，如图 3-13 所示。

② 在打开的"正在修复项目 1（7.23）"对话框中设置保存被修复的压缩文件的文件夹和类型，单击　确定　按钮开始修复文件，如图 3-14 所示。

图3-13　选择需要修复的压缩文件

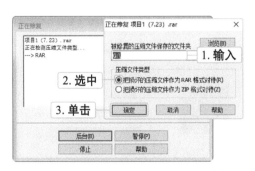

图3-14　设置保存被修复的压缩文件的文件夹和类型

任务二　使用百度网盘传输文件

网盘，又称为网络U盘或网络硬盘，它是由网络公司推出的在线存储服务，主要向用户提供文件存储、访问、备份、共享等功能。网盘支持独立文件和批量文件的上传、下载、共享等操作，还具有超大容量、永久保存等特点。随着网络的发展，网盘的使用变得更为广泛。

 **任务目标**

使用百度网盘上传、下载和分享文件。通过本任务，用户可以将计算机中的文件上传到百度网盘中，或者将存放在百度网盘中的文件下载到计算机中，并对百度网盘中的文件进行分享和管理。

相关知识

百度网盘是百度官方推出的安全云存储服务产品。用户可以在其上便捷地查看、上传、下载百度云端的各类数据，并且通过百度网盘存入的文件，不会占用计算机的存储空间。百度网盘提供覆盖多终端的跨平台免费数据共享服务。与传统的存储方式及其他的云存储服务产品相比，百度网盘有"大、快、安全永固、免费"等特点。其提供的在线浏览、离线下载等功能，突破了"存储"的单一理念，不仅能够实现文档、音/视频、图片的在线预览，而且能够自动对文件进行分类，让用户浏览、查找文件更方便。用户可以在个人计算机（Personal Computer，PC）端操作百度网盘，也可以在手机端操作。

1. PC端

将百度网盘下载并安装到计算机中，然后启动百度网盘，进入登录界面，选择扫码，或输入账号和密码，或通过短信快捷登录账户，登录后进入操作界面，如图3-15所示。操作界面主要包括功能选项卡、切换窗格、工具栏和文件显示区等内容。

图3-15　登录百度网盘PC端及百度网盘PC端操作界面

2．手机端

下载并安装百度网盘手机端后，用户通过手机就可以完成照片、视频、文档等文件的网络备份、同步和分享。手机端的操作界面如图 3-16 所示。

百度网盘的手机端操作界面与 PC 端操作界面的组成框架和结构很相似，操作方法也大致相同，因此本任务将主要讲解使用百度网盘 PC 端进行文件传输与管理的相关知识。

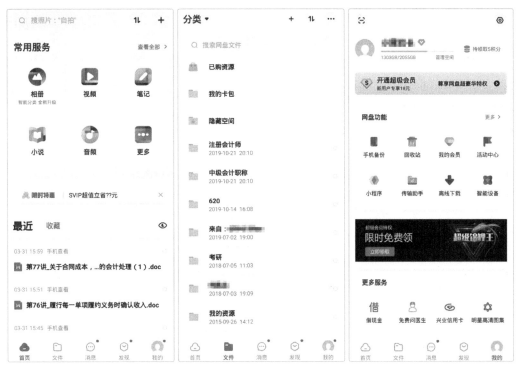

图 3-16　百度网盘手机端的操作界面

知识补充

除了可以在 PC 端和手机端使用百度网盘外，用户还可以在网页端进行操作。用户在启动浏览器后，打开百度网盘网站页面，在其中登录即可。百度网盘的网页端页面与 PC 端操作界面比较相似，如图 3-17 所示。

图 3-17　百度网盘网页端的操作界面

任务实施

1. 上传文件

微课视频

上传文件

登录百度网盘，即可将计算机中的文件上传到百度网盘中进行存储。在百度网盘中上传文件的具体操作如下。

1 在百度网盘的工具栏中单击 ⬆ 上传 按钮，打开"请选择文件 / 文件夹"对话框，在其中选择需要上传的文件，然后单击 存入百度网盘 按钮，如图 3-18 所示。

图3-18　选择文件并上传

2 打开"正在上传"界面，可查看文件的上传进度，如图 3-19 所示。

图3-19　上传进度

2. 分享文件

微课视频

分享文件

上传到百度网盘中的文件可以在网络中分享，其他用户可通过分享链接下载该文件，实现文件的网络传输。下面使用百度网盘分享文件、创建分享链接，具体操作如下。

1 选择百度网盘中要分享的文件，在工具栏中单击 ＜ 分享 按钮，如图 3-20 所示。

2 打开"分享文件"窗口，单击"私密链接分享"选项卡，然后在该选项卡中单击 创建链接 按钮，如图 3-21 所示。

3 此时百度网盘会自动创建分享链接和提取码，单击界面中的 复制链接及提取码 按钮即可，如图 3-22 所示。

❹ 将复制好的链接及提取码通过 QQ、微信等途径发送给好友，好友收到后通过链接打开网页，要输入提取码后即可下载。

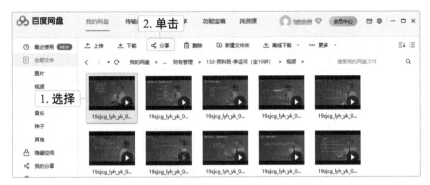

图3-20　分享文件

图3-21　创建私密链接

图3-22　复制链接和提取码

知识补充　　打开"分享文件"对话框，单击"发给好友"选项卡，既可以在百度网盘的群组中分享，也可以选择多个好友分享，但是一次最多只能分享给 50 人。

3. 下载文件

下载文件的操作分为两类，一类是将网络资源下载到自己的网盘，另一类是将百度网盘资源下载到本地。

（1）将网络资源下载到百度网盘

通过网盘下载网络资源的方法比较简单，具体操作如下。

❶ 在浏览器中打开百度网盘分享文件的页面，单击 保存到网盘 按钮，如图 3-23 所示。

❷ 打开"保存到网盘"对话框，设置保存位置，这里保持默认设置，单击 确定 按钮，如图 3-24 所示。保存成功后，将显示保存成功提示信息。

微课视频

将网络资源下载到百度网盘

图3-23　保存文件到网盘　　　　　　　　图3-24　设置保存位置

（2）将百度网盘资源下载到本地

将文件存储到百度网盘后，需要使用时，可将百度网盘内的文件下载到本地计算机中，方便使用。下面将百度网盘中"企业成本控制资料"文件夹中的文件下载到本地计算机中，具体操作如下。

微课视频

将百度网盘资源下载到本地计算机

❶ 在百度网盘 PC 端的"我的网盘"选项卡中找到"企业成本控制资料"文件夹并在其上双击，打开该文件夹，如图 3-25 所示。

图3-25　打开百度网盘 PC 端中的文件夹

❷ 在打开的文件夹中选择要下载的文件，单击⬇下载按钮，如图 3-26 所示。

图3-26　下载文件

❸ 打开"设置下载存储路径"对话框，选中"默认此路径为下载路径"复选框，然后单击 浏览 按钮，如图 3-27 所示。

❹ 打开"浏览计算机"对话框，在其中选择下载文件的保存位置，单击 确定 按钮，如图 3-28 所示。返回"设置下载存储路径"对话框，单击 下载 按钮。

图3-27　设置下载存储路径

图3-28　设置保存位置

⑤ 打开"正在下载"界面，界面中会显示文件的下载进度，如图 3-29 所示。

图3-29　下载进度

⑥ 下载完成后，在"传输完成"界面中单击"打开所在文件夹"按钮□可快速导航至文件的保存位置，如图 3-30 所示。

图3-30　下载的文件

知识补充

在百度网盘的文件夹中单击"上传文件"图标⊞，打开"请选择文件 / 文件夹"对话框，在其中选择上传的文件，然后单击 存入百度网盘 按钮，可将文件上传到百度网盘的文件夹中。

任务三　使用格式工厂转换文件格式

格式工厂（Format Factory）是一款免费的多媒体格式转换软件，几乎支持所有的音频和视频的格式转换，还支持不同图片格式之间的转换，并且在转换过程中可以修复某些损坏的视频文件。

 **任务目标**

使用格式工厂将 JPG 格式的图片转换为 PNG 格式，将 MP3 格式的音频转换为 WAV 格式，然后将 MP4 格式的视频转换为 AVI 格式。通过本任务，用户可以掌握使用格式工厂转换图片文件格式、音频文件格式和视频文件格式的方法。

相关知识

下载安装格式工厂后，启动格式工厂，进入操作界面。格式工厂的操作界面主要由工具栏、功能导航面板和文件列表区等部分组成，如图 3-31 所示。

图 3-31　格式工厂的操作界面

格式工厂支持的视频和音频文件格式转换如下。

- 支持将大部分视频格式转换为 MP4、3GP、AVI、MKV、WMV、MPG、VOB、FLV、SWF、MOV 等格式，新版支持将 RMVB（RMVB 格式需要安装 Realplayer 或相关的译码器）、XV（迅雷独有的文件格式）格式的视频转换成其他格式。
- 支持将所有音频格式转换为 MP3、WMA、FLAC、AAC、MMF、AMR、M4A、M4R、OGG、MP2、WAV 等格式。

● 支持将图片格式转换为 PNG、JPG、BMP、GIF 等格式。

 任务实施

1. 转换图片文件格式

不同场所或不同软件需要和支持的图片文件的格式不同，使用格式工厂可将目标图片转换为所需格式。下面使用格式工厂将素材文件中的"法式风情小镇 1.jpg"图片转换为 PNG 格式，具体操作如下。

微课视频

转换图片文件
格式

① 启动格式工厂，在功能导航面板中单击"图片"选项卡，在打开的"图片"列表中选择"PNG"选项，如图 3-32 所示。

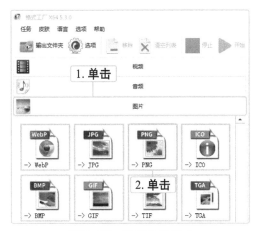

图 3-32　选择转换格式

② 打开"PNG"对话框，在其中单击 添加文件 按钮。打开"请选择文件"对话框，选择要转换文件格式的"法式风情小镇 .jpg"图片（素材所在位置：素材文件\项目三\任务三\法式风情小镇 .jpg），然后单击 打开(O) 按钮，如图 3-33 所示。

图 3-33　选择文件

在转换文件格式时，单击 添加文件 按钮，打开"请选择文件"对话框，可选择添加多个文件同时进行格式转换。

知识补充

❸ 返回"PNG"对话框，此时添加的图片文件显示在文件列表框中，在左下角设置输出文件的保存位置，然后单击 ⊘ 确定 按钮，如图3-34所示。

图3-34　设置输出文件的保存位置

❹ 此时格式工厂操作界面的文件列表区自动显示添加的图片文件，单击工具栏中的"开始"按钮▶，可执行格式转换操作并显示格式转换状态，如图3-35所示（效果所在位置：效果文件\项目三\任务三\法式风情小镇.png）。

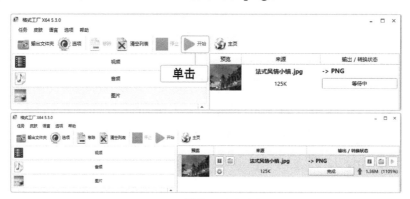

图3-35　转换图片文件格式

2.转换音频文件格式

利用格式工厂可以将目标音频文件转换为所需格式。下面使用格式工厂将素材文件中的"01.mp3""02.mp3""03.mp3"转换为WMA格式，具体操作如下。

转换音频文件格式

❶ 在格式工厂的功能导航面板中单击"音频"选项卡，在打开的"音频"列表中选择"WMA"选项，如图3-36所示。

❷ 打开"WMA"对话框，在其中单击 添加文件 按钮。打开"请选择文件"对话框，在"音频"文件夹中选择要转换的"01.mp3""02.mp3""03.mp3"（素材所在位置：素材文

件\项目三\任务三\音频\01.mp3、02.mp3、03.mp3），然后单击 打开(O) 按钮，如图 3-37
所示。

图3-36 选择转换格式

图3-37 选择文件

③ 返回"WMA"对话框，此时添加的音频文件显示在文件列表框中，在左下角设
置输出文件的保存位置，然后单击 确定 按钮，如图 3-38 所示。

图3-38 设置保存位置

④ 此时格式工厂操作界面的文件列表区中自动显示添加的音频文件，单击工具栏
中的"开始"按钮▶，执行格式转换操作并显示格式转换进度，如图 3-39 所示（效果所

在位置：效果文件\项目三\任务三\01.wma、02.wma、03.wma）。

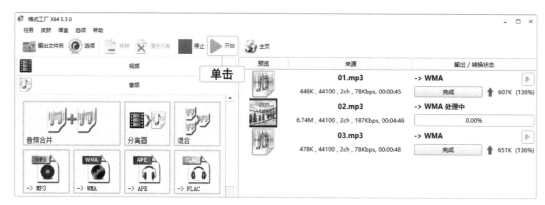

图3-39　转换音频文件格式

知识补充

　　在"WMA"对话框中添加文件后，在格式工厂操作界面中单击工具栏中的"移除"按钮▃可移除某个文件，单击"清空列表"按钮▃可清空文件列表，单击"停止"按钮▃可以停止格式转换。

3. 转换视频文件格式

使用格式工厂转换视频文件格式的操作方法与转换图片格式和转换音频文件格式的方法相同。下面将素材文件中的"茶叶.mp4"转换为 AVI 格式，具体操作如下。

微课视频

转换视频文件格式

❶启动格式工厂，在功能导航面板中单击"视频"选项卡，在打开的"视频"列表中选择"AVI"选项。

❷打开"AVI"对话框，添加素材文件"茶叶.mp4"（素材所在位置：素材文件\项目三\任务三\茶叶.mp4），并设置输出文件的保存位置，然后单击 ⚙ 输出配置 按钮，如图 3-40 所示。

图3-40　添加视频文件并设置输出位置

③ 打开"视频设置"对话框，在其中可以设置输出参数，然后单击 确定 按钮，如图 3-41 所示。

④ 返回"AVI"对话框，单击 确定 按钮，返回格式工厂操作界面，然后单击工具栏中的"开始"按钮▶，执行转换操作并显示格式转换进度，如图 3-42 所示。完成后，打开输出文件夹可查看转换后的视频文件（效果所在位置：效果文件\项目三\任务三\茶叶.avi）。

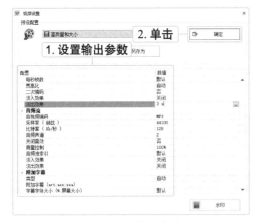

图 3-41 设置输出参数

图 3-42 转换视频文件

实训一 解压文件后转换格式

微课视频

解压文件后转换格式

【实训要求】

对"企业宣传短视频.rar"解压，并转换视频文件格式。通过本实训的操作可以进一步巩固解压文件的基本操作，以及格式工厂的基本知识。

【实训思路】

本实训将通过 WinRAR 和格式工厂实现，首先将素材文件（素材所在位置：素材文件\项目三\实训一\企业宣传短视频.rar）解压，然后转换其中的视频文件的格式，并保存到效果文件中（效果所在位置：效果文件\项目三\实训一\企业宣传短视频），效果如图 3-43 所示。

图 3-43 转换视频格式效果

【步骤提示】

① 打开"企业宣传短视频.rar"文件所在的文件夹，在该文件上单击鼠标右键，在弹出的快捷菜单中选择"解压到企业宣传短视频\（E）"命令，将文件解压到"企业宣传短视频"文件夹。

② 启动格式工厂，在功能导航面板中单击"视频"选项卡，在打开的"视频"列表中选择"AVI"选项，打开"AVI"对话框。

③ 在其中单击 添加文件 按钮，打开"请选择文件"对话框，选择解压后的"企业宣传短视频"文件夹中要转换的视频文件，单击 打开(O) 按钮。

④ 返回"AVI"对话框，此时添加的所有视频文件都显示在文件列表框中，在左下角设置输出文件的保存位置，单击 确定 按钮。

⑤ 在格式工厂操作界面的工具栏中单击"开始"按钮▶，执行格式转换操作。

实训二　通过百度网盘上传和下载文件

【实训要求】

使用百度网盘上传文件，并下载上传后的文件。

微课视频

通过百度网盘上
传和下载文件

【实训思路】

用户可以尝试将计算机中的文件上传至百度网盘，再将之前上传至百度网盘中的文件下载至本地。图3-44所示为上传文件操作，图3-45所示为下载文件操作。

图3-44　上传文件

图3-45　下载文件

【步骤提示】

① 启动百度网盘并登录。

② 在工具栏中单击 上传 按钮，打开"请选择文件/文件夹"对话框，选择要上传的文件的保存路径，选择需要上传的文件，单击 存入百度网盘 按钮。

③ 上传完成后，单击"全部文件"选项卡，在文件显示区中选择要下载的文件，单击 ⬇下载 按钮。

④ 打开"设置下载存储路径"对话框，设置下载文件的保存位置后，单击 下载 按钮下载文件。

练习1：通过右键菜单快速压缩文件

练习通过右键菜单快速压缩文件。

练习2：分享文件

练习使用百度网盘分享考勤统计表，操作要求如下。

● 登录百度网盘PC端，上传考勤统计表。

● 选择百度网盘中的考勤统计表，创建分享链接和提取码。

● 将分享链接和提取码通过微信发送给同事。

练习3：转换多张图片文件格式

练习将素材文件中的JPG格式的图片转换为PNG格式。操作要求如下。

● 启动格式工厂，在"图片"列表中选择"PNG"选项，然后添加素材文件中的"照片"文件夹（素材所在位置：素材文件\项目三\课后练习\照片\）。

● 将除"02.jpg"图片文件外的其他图片文件格式转换为PNG格式（效果所在位置：效果文件\项目三\课后练习\照片\）。

1. 还原或彻底删除百度网盘回收站中的文件

百度网盘PC端中删除的文件存放在其回收站中，单击"回收站"选项卡，打开百度网盘的回收站页面，在其中选择文件，单击鼠标右键，在弹出的快捷菜单中选择"还原"命令，可将文件还原到百度网盘中删除前的原位置；选择"彻底删除"命令，将彻底删除文件，如图3-46所示。

图3-46　还原或彻底删除百度网盘回收站中的文件

2. 百度网盘选项的设置

设置百度网盘选项可以帮助用户便捷有效地使用百度网盘。设置百度网盘选项的具体操作如下。

❶ 在百度网盘 PC 端操作界面的右上角单击"设置"按钮◎，在打开的下拉列表中选择"设置"选项；打开"设置"对话框，在"基本"选项卡中选中"开机时启动百度网盘"复选框，如图 3-47 所示。

图3-47　开机时启动百度网盘

❷ 单击"传输"选项卡，在"下载文件位置选择"栏中设置下载文件的保存位置，然后选中"默认此路径为下载路径"复选框，单击 确定 按钮，如图 3-48 所示。

图3-48　设置默认下载路径

项目四
文档编辑工具

情景导入

米拉：老洪，使用什么软件可以实现多人同时在线编辑文档呢？

老洪：腾讯文档就是一款可以实现多人协作的在线文档，支持在线文档、在线表格、在线幻灯片、在线PDF和在线收集表等多种类型。用户打开腾讯文档就能查看和编辑在线文档。

米拉：那计算机中的PDF文档怎样打开查看呢？

老洪：推荐你使用Adobe Acrobat，它不仅可以打开PDF文档，还可编辑和转换PDF文档。

米拉：有没有软件可以进行翻译？

老洪：有呀！网易有道词典可以进行翻译。

学习目标

- ○ 掌握使用腾讯文档编辑在线文档的操作方法
- ○ 掌握使用Adobe Acrobat编辑和转换PDF文档的操作方法
- ○ 掌握使用网易有道词典进行翻译的使用方法

技能目标

- ○ 能熟练使用腾讯文档创建、编辑在线文档
- ○ 能使用Adobe Acrobat编辑和转换PDF文档
- ○ 能使用网易有道词典进行翻译

任务一   使用腾讯文档编辑在线文档

腾讯文档是一款可多人协作的在线文档，用户可随时随地使用任意设备顺畅查看、创建和编辑文档。使用腾讯文档不仅可以制作出图文并茂的文档、内容丰富的表格，还可以创建形象生动的幻灯片。

 **任务目标**

使用腾讯文档编辑在线文档，主要练习新建在线文档、编辑在线文档、分享文档并设置权限等操作。通过本任务的学习，用户可以掌握使用腾讯文档编辑在线文档的基本操作。

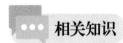 **相关知识**

腾讯文档是一款无须注册的软件，用户可使用 QQ、微信账户一键登录，也可跨平台使用。腾讯文档不仅支持导入、导出 Office 文件，还拥有一键翻译、实时股票函数、语音输入转文字、图片 OCR 文字提取、表格智能分列、查看历史修订记录等特色功能；不仅支持导入本地文档、将在线文档导出为本地文件，还提供信息收集、打卡签到、考勤、在线办公、在线教育、简历等的免费模板。用户可以在腾讯文档 PC 端、手机端、网页端随时随地查看和修改文档。

1．腾讯文档 PC 端

用户在计算机中下载安装腾讯文档,启动后进入登录界面,使用 QQ 或微信账户登录,即可进入操作界面，如图 4-1 所示。

图4-1 腾讯文档PC端操作界面

2．腾讯文档手机端

腾讯文档手机端操作界面与其 PC 端操作界面的组成框架和结构类似，操作方法也大致相同。用户在手机中安装并启动腾讯文档后，即进入登录界面，登录后可进行操作，如图 4-2 所示。

图4-2 腾讯文档手机端操作界面

3．网页端

腾讯文档网页端操作界面与其 PC 端操作界面相同，用户启动浏览器后进入腾讯文档网页端，在其中登录即可。

除了上述入口，用户还可以通过微信和 QQ 小程序使用腾讯文档。下面介绍在腾讯文档 PC 端中编辑文档的相关操作。

 任务实施

1．新建文档

在腾讯文档中新建文档主要可分为新建空白文档和根据模板新建在线文档两种方式。

（1）新建空白文档

在腾讯文档中新建空白文档的操作比较简单，具体操作如下。

❶ 启动腾讯文档,在界面左边单击 ＋新建 按钮,在打开的下拉列表中选择"在线文档"选项，如图 4-3 所示。

微课视频
新建空白文档

图4-3　选择"在线文档"选项

② 在打开的"选取模板"窗口的"常用"栏下选择"空白"选项，如图 4-4 所示。

③ 新建空白在线文档成功后，在其中可输入标题和正文，如图 4-5 所示。

图4-4　选择"空白"选项

图4-5　成功新建空白文档

知识补充　　　除了通过在腾讯文档界面左侧单击 ＋新建 按钮新建在线文档外，用户还可以在操作界面单击鼠标右键，在弹出的快捷菜单中选择相应的命令新建文档。

（2）根据模板新建在线文档

根据模板新建在线文档即利用腾讯文档提供的某种模板来创建具有一定内容和样式的在线文档，具体操作如下。

微课视频

根据模板新建在
线文档

① 启动腾讯文档，在界面左边单击 ＋新建 按钮，在打开的提示对话框中选择"在线文档"选项。

② 在打开的"选取模板"窗口中挑选需要的模板，此处选择"简历"栏下的"金融分析师个人简历"选项，如图 4-6 所示。

图4-6　选取模板

③ 打开选择的模板，在其中进行编辑，如图 4-7 所示。

图4-7　根据模板编辑文档

2．编辑文档

新建在线文档后，用户可在腾讯文档中对其进行编辑，如输入文本、复制文本、修改文本的字体和字号、突出显示文本、设置段落格式等操作。下面在腾讯文档中编辑新建的空白在线文档，具体操作如下。参考效果如图 4-8 所示。

产品或服务示例

一、产品的用途、功能

鲜果一号是一种可应用于果蔬类产品的生物性保鲜剂。鲜果一号喷洒在果蔬上可以明显地延长其保鲜时间，具有绿色、无毒、热稳定、高效等特性。

二、客户价值

采用鲜果一号可为消费者提供绿色、新鲜的产品，同时，果蔬保鲜过程中腐败率的降低可为客户增加利润，减少损失。

三、产品使用方法

通过兑水喷洒起到防腐作用，对于数量多的果蔬，可通过隔板旋转喷洒及冷藏相结合的方式，达到保鲜的效用。而其作用机理则是在水雾周边形成一定区域的抗菌区，从而起到防腐的效用。以下是适用的两种情形。

➤ 果蔬采摘过程

在果蔬的采摘过程中即可进行喷洒，针对销售与储存过程来延长果蔬的保鲜时间，从而达到最高的效益。此种做法对于普通农户来说可以大幅度地延长产品从采摘到落果后的保鲜时间，为其选择合理的经销商延长时间，从而得到用户赚钱的同时，增加本公司的利润，做到互利共赢。

➤ 果蔬储存过程

在待抗菌肽试剂按合理比例勾兑后，即可对果蔬进行大批量喷洒，从而使果蔬保鲜。在小商小贩的售卖过程中，它包具有着丰富的经济效益，通过喷洒本试剂，使得产品在销售过程中更加引更多客户。同时，它也可为农户及电商平台在农贸产品的储存过程中提供产品与方案的保障，增加经济效益。

图4-8　在线文档参考效果

1 启动腾讯文档，在界面左边单击 ＋新建 按钮，在打开的下拉列表中选择"在线文档"选项。

2 在打开的"选取模板"窗口的"常用"栏下选择"空白"选项新建空白在线文档。

3 对空白在线文档进行编辑。首先在标题栏中输入文档的标题"产品或服务示例"，然后单击工具栏中的 标题 ▼ 按钮，在打开的下拉列表中选择"标题"选项，应用"标题"样式，让文本居中显示，如图 4-9 所示。

图4-9　编辑在线文档标题

4 输入正文，按【Enter】键换行，完成正文的输入，如图 4-10 所示。

图4-10　输入正文

5 将光标定位到"一、产品的用途、功能"文本所在行，单击工具栏中的 正文 ▼ 按钮，在打开的下拉列表中选择"标题 1"选项，然后使用同样的方法对"二、客户价值""三、产品使用方法"文本设置同样的样式，设置好后的效果如图 4-11 所示。

6 将光标定位到"果蔬采摘过程"文本所在行，单击工具栏中的"项目符号"按钮 ≔ 后的下拉按钮 ▼，在打开的下拉列表中选择第一行第三个选项，如图 4-12 所示。按照同样的方法对"果蔬储存过程"应用同样的项目符号,应用项目符号后的效果如图 4-13 所示。

图4-11　设置"标题1"样式

图4-12　设置项目符号　　　　　　　　图4-13　设置项目符号后的效果

❼ 将光标定位到"一、产品的用途、功能"下方文本所在行,单击工具栏中的"增加缩进"按钮≡,对文本设置缩进,设置缩进后的效果如图 4-14 所示。

图4-14　设置正文缩进

❽ 使用同样的方法设置正文中其他文本的缩进效果,至此在线文档编辑完毕。

3．分享文档并设置权限

区别于其他文档编辑软件，腾讯文档的一大亮点是可多人协作，编辑好文档后，将文档分享给他人并设置分享权限可以实现多人同时编辑文档。下面在腾讯文档中分享文档并设置权限，具体操作如下。

1 启动腾讯文档，在其中找到并打开要分享的文档，单击文档右上角的 分享 按钮，如图 4-15 所示。

图4-15　分享文档

2 打开"分享在线文档"对话框，单击 仅我可查看▾ 按钮设置文档权限，此处在打开的列表中选择"所有人可编辑"选项，如图 4-16 所示。

图4-16　设置文档权限

3 权限设置完毕后，可在"分享到"栏下方选择分享到 QQ、微信，或复制链接、生成二维码来分享文档，此处单击"微信"按钮 ，使用手机扫描"通过小程序分享给微信好友"对话框中的二维码，即可在手机中打开的页面查看分享的内容。

除了分享文档，腾讯文档还可以共享文件夹。在腾讯文档操作界面中找到要共享的文件夹，单击文件夹后的"更多操作"按钮≡，在打开的列表中选择"设置文件夹共享"选项，在打开的"文件夹权限"对话框中将文件夹权限设置为"共享"，并添加共享成员，如图4-17所示。

知识补充

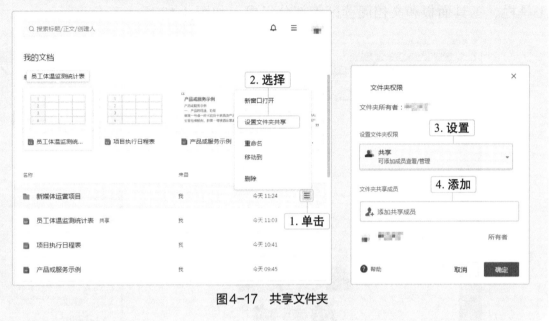

图4-17　共享文件夹

任务二　使用 Adobe Acrobat 编辑 PDF 文档

PDF 是一种电子文档格式，该格式能如实保留文档原来的格式、内容，以及图像。Adobe Acrobat 是专门用于打开和编辑 PDF 文档的软件。

任务目标

使用 Adobe Acrobat 编辑 PDF 文档，主要练习编辑 PDF 文档、转换 PDF 文档等操作。通过本任务的学习，用户可以掌握使用 Adobe Acrobat 编辑 PDF 文档的方法。

相关知识

PDF 是 Adobe 公司开发的电子文档格式。这种文档格式与计算机的操作系统无关，可在任何操作系统中使用。这一特点使互联网上越来越多的电子图书、产品说明、公司广告、网络资料和电子邮件等都开始使用这种格式。

Adobe 公司设计 PDF 的目的是支持跨平台、多媒体集成信息的出版和发布，尤其是为网络信息的发布提供支持。因此，PDF可以将文字、格式、颜色，以及独立于设备和分辨率的图形、图像等封装在一个文件中。该格式还可以包含超文本链接、声音和动态影像等电子信息，且文件集成度较高、安全可靠性较强。

　　Adobe Acrobat是一款由Adobe公司发布的PDF制作软件，其操作界面主要由菜单栏、工具栏、工具面板和文档阅读区等部分组成，如图4-18所示（专业版）。

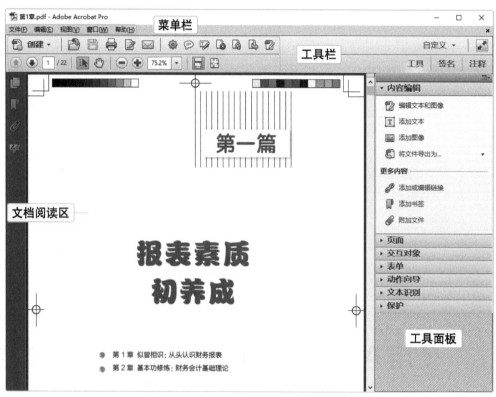

图4-18　Adobe Acrobat的操作界面

下面介绍其中几个部分。

● **工具栏**。工具栏提供了常用的阅读PDF文档命令的快捷方式按钮，单击这些按钮，可实现快速跳转页码和打印PDF文档等功能。

● **工具面板**。工具面板集合了Adobe Acrobat的常用工具按钮，用于执行创建、编辑和导出PDF文档等操作。

● **文档阅读区**。文档阅读区主要用于查看PDF文档的内容。

任务实施

1．编辑PDF文档

　　打开PDF文档后，可使用Adobe Acrobat软件对文档内容（如文字和图像等）进行编辑。下面在Adobe Acrobat中编辑PDF文档，具体操作如下。

微课视频

编辑PDF文档

① 启动 Adobe Acrobat，打开"运动注意事项.pdf"文档，切换到目标页，在操作界面中单击 工具 按钮，显示工具面板，在工具面板中选择"编辑文本和图像"选项，如图 4-19 所示（素材所在位置：素材文件\项目四\任务二\运动注意事项.pdf）。

图4-19　执行编辑命令

② 进入编辑状态，将光标定位到文本中间或选择文本内容，可对文本内容进行修改、删除以及设置字体格式、颜色等操作，如选择标题文本"做好准备，防止拉伤"，单击"格式"栏右下方的下拉按钮 ，在打开的下拉列表中可选择需要的字体，这里选择"方正艺黑简体"，如图 4-20 所示。

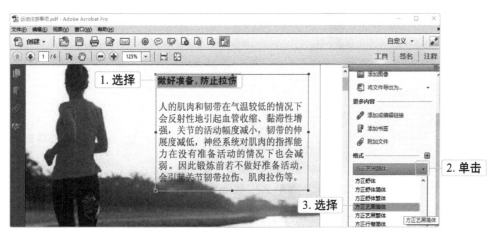

图4-20　设置字体格式

③ 保持文本的选择状态，单击"居中对齐"按钮 ，设置文本居中对齐，如图 4-21 所示。

知识补充

使用 Adobe Acrobat 可以选择和复制 PDF 文档中的文本及图像，并能将其粘贴到 Word 和记事本等文字处理软件中。

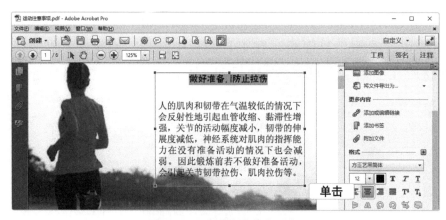

图4-21　设置文本居中对齐

④ 选择图片，在"格式"栏下方单击相应按钮可执行旋转、裁剪图像等操作，这里单击"裁剪图像"按钮🖾，然后将鼠标指针移到图片的控制点上，拖动鼠标即可裁剪图片，如图 4-22 所示。

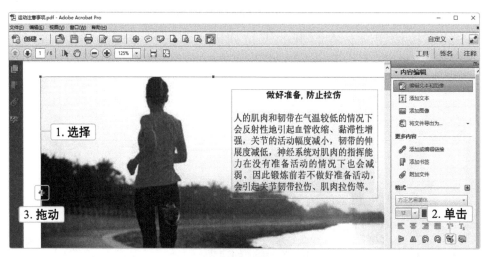

图4-22　裁剪图片

知识补充

在 Adobe Acrobat 中按住【Ctrl】键，滚动鼠标滚轮可以缩放显示 PDF 文档页面。另外，在工具栏中单击⊕按钮可放大页面，单击⊖按钮可缩小页面。

2．转换 PDF 文档

在办公过程中，有时需要将已有的 PDF 文档转换为 Word、Excel、PowerPoint 等格式的文件，再在其中进行编辑操作，有时则需要将用办公软件制作完成的文件转换为 PDF 文档统一进行查看。下面将"企业简介.pdf"文件转换为 PowerPoint 演示文稿进行编辑与放映，然后将"手机远程办公

微课视频

转换PDF文档

环境的搭建 .docx"文件转换为 PDF 文档进行查看，具体操作如下。

① 启动 Adobe Acrobat，打开"企业简介 .pdf"文件，在界面中单击工具按钮，显示工具面板，在工具面板中单击"将文件导出为"按钮（素材所在位置：素材文件\项目四\任务二\企业简介 .pdf），在打开的下拉列表中选择"Microsoft PowerPoint 演示文稿"选项，如图 4-23 所示。

图4-23　导出文件

② 打开"另存为"对话框，设置导出文件的保存位置，单击保存(S)按钮，开始导出文件，如图 4-24 所示。

图4-24　设置导出文件的保存位置

③ 导出完成后，导出的"企业简介 .pptx"演示文稿如图 4-25 所示（效果所在位置：效果文件\项目四\任务二\企业简介 .pptx）。

知识补充

在转换 PDF 文档时，导出的 Word、Excel、PowerPoint 等格式的文件可能会出现错字、排版错误的情况，用户需要检查导出的文档。

图4-25　导出的演示文稿

④ 返回PDF文档界面，在工具栏中单击"创建"按钮🔛，在打开的下拉列表中选择"从文件创建PDF"选项，如图4-26所示。

⑤ 在打开的"打开"对话框中选择需要转换的文件（素材所在位置：素材文件\项目四\任务二\手机远程办公环境的搭建.docx），单击 打开(O) 按钮，如图4-27所示。

图4-26　选择"从文件创建PDF"选项

图4-27　选择需要转换的文件

⑥ 开始转换文件，转换完成后可查看得到的PDF文档，如图4-28所示。然后按【Ctrl+S】组合键保存PDF文档（效果所在位置：效果文件\项目四\任务二\手机远程办公环境的搭建.pdf）。

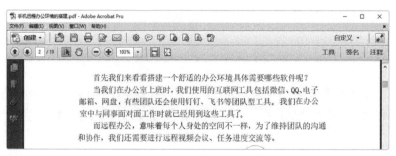

图4-28　得到的PDF文档

任务三　使用网易有道词典即时翻译文档

当前，英语是世界主流的语言之一，掌握这门语言，对于深化文明交流借鉴，推动中华文化更好地走向世界有积极意义。对于经常需要阅读英文文件或是正在学习英语的用户来说，英汉词典是日常工作和生活中的必备品。网易有道词典是使用计算机进行即时翻译的必备工具，它是网易有道推出的与词典相关的服务与软件。它基于有道搜索引擎后台的海量网页数据及自然语言处理中的数据挖掘技术，集合了大量中文与外语的并行语句，通过网络服务及桌面软件的方式让用户方便地翻译文档。

任务目标

使用网易有道词典进行单词的查询与即时翻译，主要练习词典查询、取词与划词、翻译等操作。通过本任务的学习，用户可以掌握网易有道词典的基本操作。

相关知识

网易有道词典是一款集成了中、英、日、韩、法多个语种的专业词典，可以翻译字、词、句乃至整段文章，它还集成了 TTS 全程化语音技术，可以查询标准的读音。

启动网易有道词典，打开其操作界面，如图 4-29 所示。该操作界面主要由功能选项卡、搜索栏和信息显示区组成。

图4-29　网易有道词典的操作界面

● **功能选项卡。** 功能选项卡包括"词典""翻译""单词本""文档翻译""同传""人工翻译""精品课"选项卡，在对应的界面中能分别实现相应功能。

● **搜索栏**。搜索栏用于搜索和查询词句的翻译。

● **信息显示区**。信息显示区用于显示功能选项卡的操作界面和网易有道词典的信息内容。

 任务实施

1．词典查询

词典查询是网易有道词典的核心功能，网易有道词典还具有智能索引、查词条、查词组、模糊查词和相关词扩展等功能。词典查询可以通过软件默认设置的通用词典进行查找。下面通过网易有道词典查询"academic"的含义，具体操作如下。

微课视频
词典查询

① 启动网易有道词典，打开操作界面。

② 在"词典"选项卡中的搜索框中输入要查询的单词，此处输入"academic"，然后单击 查询 按钮，如图4-30所示。

③ 在打开的界面中会显示"academic"的详细解释，如图4-31所示。

图4-30　输入要查询的单词

图4-31　详细解释

2．取词与划词

网易有道词典界面左侧选项卡下方设置有"取词"与"划词"复选框，一般情况下，用户在第一次启动网易有道词典时，这两个复选框都是默认选中的。取词是指使用网易有道词典对屏幕中的单词进行即时翻译，划词是指使用网易有道词典翻译选择好的词组或句子。下面使用网易有道词典进行取词与划词，具体操作如下。

微课视频
取词与划词

❶ 启动网易有道词典，然后打开一篇英文文档，将鼠标指针移动到需要解释的单词上，如"describes"，此时打开的窗格中会显示该单词的释义，将鼠标指针移到该窗格中将显示工具栏，如图4-32所示。

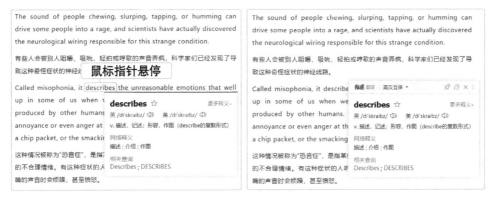

图4-32　取词

❷ 划词是指拖动鼠标，在文档中选择需要翻译的句子，当停止拖动鼠标时，网易有道词典将自动显示该句的释义，如图4-33所示。

图4-33　划词

3．翻译

微课视频

翻译

网易有道词典提供了强大的翻译功能，不仅可以自动翻译文字、句子，还可以进行人工翻译。下面使用翻译功能翻译句子，具体操作如下。

❶ 启动网易有道词典，单击"翻译"选项卡，在操作界面上方的文本框中输入要翻译的文本（中文或者外文）。

❷ 输入完毕，网易有道词典将自动翻译文本，在操作界面下方的文本框中可以查看翻译结果，如图4-34所示。

图4-34　翻译结果

知识补充

网易有道词典还提供了单词本功能，用户遇到生词时，单击"加入单词本"按钮☆可将生词添加到单词本中。生词加入单词本后，单击"已加入单词本，左键点击进行编辑"按钮☆可对生词进行编辑。

实训一　使用腾讯文档制作简历并分享

微课视频

使用腾讯文档制作简历并分享

【实训要求】

使用腾讯文档制作简历并将其分享给好友。通过本实训的操作可以进一步巩固腾讯文档的使用方法。

【实训思路】

本实训将通过腾讯文档实现，首先启动并登录腾讯文档，然后在腾讯文档中新建一个在线文档。用户可以新建空白模板制作简历，也可以选择腾讯文档模板库中的简历模板直接更改内容，最后将简历分享给好友。使用腾讯文档制作简历并分享的操作过程如图4-35所示。

图4-35　使用腾讯文档制作简历并分享的操作过程

【步骤提示】

❶ 启动并登录腾讯文档，在界面左侧单击 **+ 新建** 按钮，在打开的下拉列表中选择"在线文档"选项。

❷ 在打开的"选取模板"窗口中挑选需要的模板。

❸ 在模板中根据个人实际情况编辑简历模板中的内容。

❹ 制作完成后，在界面右上角单击 **分享** 按钮，打开"分享在线文档"对话框，单击

其中的"指定人"按钮设置文档权限。

⑤ 权限设置完毕后，在"分享到"栏下方选择以 QQ、微信、链接、二维码的形式分享文档。

实训二 使用网易有道词典练习英汉互译

微课视频

使用网易有道词典练习英汉互译

【实训要求】

使用网易有道词典查找某个单词，并对全文进行翻译。通过本实训的操作可以进一步巩固网易有道词典的使用方法。

【实训思路】

本实训可运用前面所学的使用网易有道词典即时翻译文档的知识来操作。在网易有道词典中输入需要翻译的文本，选择翻译语言后，即可翻译。翻译完成后，用户可根据实际需要将翻译结果复制并粘贴到其他地方。

【步骤提示】

① 打开"时间是什么 .txt"文本文档，复制全部内容。

② 启动网易有道词典，单击"翻译"选项卡，在界面上方的文本框中粘贴"时间是什么 .txt"文本文档，界面下方的文本框将自动显示文本翻译结果。

③ 复制文本框中的内容，粘贴到另一个记事本文档中。

课后练习

练习1：使用腾讯文档制作通知并分享

在网上搜索通知的格式，然后使用腾讯文档进行制作，制作完成后将其分享给好友。

练习2：将Word文档转换为PDF文档并压缩

练习使用 Adobe Acrobat 将"产品代理协议 .docx"文档转换为 PDF 格式，然后使用 WinRAR 软件压缩 PDF 文档。

操作要求如下。

● 启动 Adobe Acrobat，将"产品代理协议 .docx"（素材所在位置：素材文件\项目四\课后练习\产品代理协议 .docx）文档转换为PDF格式。

● 使用WinRAR软件压缩PDF文档并删除原PDF文档，需在"压缩文件名和参数"对话框中选中"压缩后删除原来的文件"复选框。

练习3：翻译英文文章

在网上搜索一篇英文文章，然后用网易有道词典将其翻译成中文，再使用词典的取词和划词功能，对某些关键英文词句进行翻译，然后对译文进行适当修改。

1. 使用腾讯文档导入本地文件

用户除了可以使用腾讯文档在线编辑文档外，还可以把编辑好的本地文件导入腾讯文档中，方便其他好友一起编辑或分享给好友，具体操作如下。

❶ 启动腾讯文档，单击操作界面左侧的 ＋新建 按钮，在打开的下拉列表中选择"导入本地文件"选项。

❷ 打开"打开文件"对话框，选择要导入的文件，单击 打开(O) 按钮。

❸ 开始导入，操作界面右下方会显示导入进度，导入完成后即可对其进行编辑或分享。

2. 为 PDF 文档添加批注

在 Word 文档中，用户可以使用加粗、标记颜色、输入备注文字等方式来做标记，而在 PDF 文档无法进行这些操作。但是用户可以利用 Adobe Acrobat 的"批注"功能进行简单的标记，其操作方法如下：启动 Adobe Acrobat，打开 PDF 文档，在要添加批注的地方单击工具栏中的"添加批注"按钮，然后在打开的批注框中输入批注内容，如图 4-36 所示。

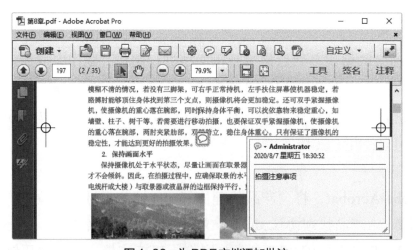

图4-36　为PDF文档添加批注

项目五

社交通信工具

情景导入

老洪：米拉，你去查看一下公司的邮箱里有没有什么重要的邮件。

米拉：我已经看过了，邮件中的文件我也已经下载下来了，一会儿我把文件存在U盘里给你。

老洪：不需要使用U盘，你可以通过QQ传给我，如果我的QQ不在线，你可以直接进行离线传输，记得在微信上给我说一下。另外，部门微信群今天晚上8点会通知周末的团建活动，你要记得查看，收到之后记得回复。

米拉：好的，收到微信消息我一定会立即回复的。

老洪：对了，我昨天在微博上发的企业宣传微博你看了吗？现在转发量已经超过1万了。

米拉：还没来得及看呢，转发量这么高！我得赶紧去转发一下，好增加曝光量。

学习目标

- 掌握使用腾讯QQ即时通信的操作方法
- 掌握使用微信即时通信的操作方法
- 掌握使用微博进行互动的操作方法

技能目标

- 能使用腾讯QQ进行添加好友、交流信息、发送文件等操作
- 能使用微信进行即时聊天和文件传输等操作
- 能使用微博进行关注、点赞、评论、转发等操作

任务一　　使用 QQ 即时通信

　　腾讯 QQ（以下简称 "QQ"）是深圳市腾讯计算机系统有限公司（以下简称 "腾讯公司"）开发的一款基于 Internet 的即时通信软件。QQ 支持在线聊天、视频聊天、语音聊天、点对点断点续传文件、共享文件、网络硬盘、自定义面板等多种功能，并可与移动通信终端等多种通信方式相连。QQ 已经有上亿在线用户，是我国目前使用比较广泛的即时通信软件。

 **任务目标**

　　首先登录账号，然后添加好友，最后与好友进行信息交流和文件传送。通过本任务的学习，用户可以掌握使用 QQ 即时通信的方法。

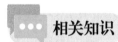 **相关知识**

　　即时通信软件是一款基于 Internet 的即时交流软件，最初的即时通信软件是由 3 个以色列人开发的，名为 ICQ，也称网络寻呼机。即时通信软件使得用户可以通过 Internet 随时与另外一名在线用户交谈，甚至可以通过视频实时看到对方。

　　使用 QQ 进行即时通信，需先申请一个 QQ 号码。QQ 号码的申请分为付费和免费两种形式，除非有特殊要求，一般申请免费的 QQ 号码即可。

 **任务实施**

1. 登录 QQ 并添加好友

　　登录 QQ 后，将日常好友或同事、客户等添加为好友，就可以在 QQ 中与之通信。下面登录 QQ 并添加好友，具体操作如下。

微课视频
登录QQ并添加
好友

　　❶ 启动 QQ，在登录界面输入账号和登录密码，单击 登　录 按钮，如图 5-1 所示。

　　❷ 登录后，在 QQ 操作界面中单击 "加好友" 按钮 ，打开 "查找" 对话框的 "找人" 选项卡，在 "查找" 文本框中输入同事或客户的 QQ 账号，单击 "查找" 按钮 查找 查找，在下方的界面中将显示搜索到的 QQ 账号，单击 +好友 按钮，如图 5-2 所示。

图5-1　登录QQ　　　　　　　　图5-2　查找、添加好友

③ 在打开的对话框的"请输入验证信息"文本框中输入验证信息，一般来说只有在文本框中表明自己的身份，被添加者才会确认添加，单击 下一步 按钮，如图 5-3 所示。

④ 在打开的对话框的"备注姓名"文本框中输入对方的备注信息，然后单击"新建分组"超链接，在打开的对话框的"分组名称"文本框中输入分组名称，此处输入"客户"，单击 确定 按钮，再单击 下一步 按钮，如图 5-4 所示。

图5-3　输入验证信息　　　　　　图5-4　好友分组

⑤ 请求发出后，如果对方在线并同意添加好友，则会收到已成功添加好友的提示信息，此时在 QQ 操作界面的"客户"分组中可查看刚刚添加的 QQ 好友。

知识补充

在登录界面中选中"记住密码"复选框，将记住登录的密码，再次打开登录界面可直接单击"登录"按钮完成登录操作。

2．信息交流

QQ 最重要的一个功能是与好友进行信息交流。添加了好友后，便可与其进行信息交流，具体操作如下。

① 在 QQ 的"联系人"界面中双击某个好友选项，如图 5-5 所示。

② 打开 QQ 对话窗口，在下方的文本框中输入内容，然后单击 发送(S) 按钮发送信息，如图 5-6 所示。

微课视频

信息交流

图5-5　双击某个好友选项

图5-6　发送信息

❸ 发送的信息将显示在上方的窗格中，对方回复信息后，内容将同步显示在上方的窗格中，如图 5-7 所示。

❹ 为了使对话的氛围轻松，可单击 QQ 对话窗口工具栏中的"选择表情"按钮☺，在打开的列表中选择需要的表情并发送，如图 5-8 所示。

图5-7　查看接收的信息

图5-8　发送表情

❺ 在聊天时，有时需要通过截图说明内容。具体操作为，首先打开要截图的文件窗口或网页等，然后在工具栏中单击"截图"按钮✂，拖动鼠标选择截图范围，如图 5-9 所示。单击 ✓完成 按钮或双击截图区域，将截取的图片添加到文本框中，最后单击 发送(S) 按钮发送，如图 5-10 所示。

图5-9　截图

图5-10　发送截图

单击对话窗口上方的"发起视频通话"按钮📹，打开"视频通话"窗口，会向好友发送一个视频邀请。若好友向自己发送视频邀请，只需单击 接听 按钮即可接通视频直接与之交流。单击对话窗口上方的"发起语音通话"按钮📞，便能与好友进行语音交流。语音通话和视频通话的区别是，语音通话没有图像，占用的网络资源和内存更少，适用于没有摄像头的设备或不便于视频交流的环境。

3．发送文件

用户除了使用 QQ 与好友进行文字信息的交谈外，还可以发送文件。在发送文件时，如果需要发送整个文件夹，可先使用压缩软件压缩文件，然后发送该压缩文件。使用 QQ 发送文件的具体操作如下。

微课视频
发送文件

① 在 QQ 对话窗口中单击"传送文件"按钮📁，在打开的列表中选择"发送文件"选项，如图 5-11 所示。

② 在打开的"打开"对话框中选择要发送的文件，单击 打开(O) 按钮，如图 5-12 所示，添加文件。对方接收文件后，在上方的窗格中将显示文件发送和接收成功的信息，如图 5-13 所示。

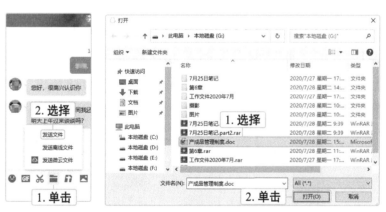

图5-11 发送文件　　　　图5-12 添加文件　　　　图5-13 文件发送和接收成功

③ 当好友发来文件后，在"传送文件"窗格中单击"另存为"超链接，在打开的"另存为"对话框中选择文件保存位置，单击 保存(S) 按钮接收文件，如图 5-14 所示，即可将文件保存至指定位置。

图5-14　接收文件

4．远程协助

在日常工作中如遇到不懂的操作，用户可通过 QQ 发送远程协助请求，邀请好友通过网络远程控制自己的计算机，由对方对自己的计算机系统进行操作；同时，用户也可接受好友的远程协助请求，控制好友的计算机协助操作。在 QQ 中邀请好友远程协助的具体操作如下。

微课视频

远程协助

❶ 将鼠标指针移动到 QQ 对话窗口上方的 ···按钮上，再将鼠标指针移动到展开的"远程桌面"按钮 上，在打开的下拉列表中选择"邀请对方远程协助"选项，如图 5-15 所示。

❷ 对方接受邀请后，在对方的 QQ 对话窗口中会显示自己的计算机系统桌面，好友可操作自己的计算机，如图 5-16 所示。如果请求控制对方计算机，待对方接受邀请后，在自己的 QQ 对话窗口中会显示对方的计算机桌面，然后可操作对方的计算机。

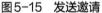

图5-15　发送邀请

图5-16　远程协助中

任务二　使用微信即时通信

微信是大多数用户都很熟悉的一款软件，它和 QQ 的功能类似。目前有超过 10 亿人正在使用微信，它不仅支持发送文字和语音，还支持发送视频、图片和文件。

任务目标

使用微信即时聊天和传输文件。通过本任务的学习，用户可以掌握微信的基本操作。

相关知识

微信是腾讯公司于 2011 年 1 月 21 日推出的为智能终端提供即时通信服务的免费社交软件。其支持跨通信运营商、跨操作系统平台，通过网络免费（需消耗少量网络流量）快速发送语音、视频、图片和文字消息。同时，微信提供公众平台、朋友圈、消息推送等功能。用户可以通过"摇一摇""搜索号码""附近的人"和扫二维码等方式添加好友，还可以将内容分享给好友，也可以将自己看到的精彩内容分享到微信朋友圈。

微信包括手机端、PC 端和网页端等，一般来说，使用手机端的用户较多，因此下面介绍手机端微信的相关操作。

任务实施

微课视频

登录微信
并添加好友

1．登录微信并添加好友

要想使用微信通信，用户首先要登录微信，然后将日常生活中的好友或同事、客户等添加为好友。下面介绍登录微信并添加好友的操作方法，具体操作如下。

❶ 启动微信，在登录界面选择使用手机号、微信号、QQ 号或邮箱登录。此处选择手机号登录，在文本框中输入手机号，点击 下一步 按钮，在打开的界面中输入微信密码（若不记得密码可以选择用短信验证码登录），然后点击 登录 按钮即可，如图 5-17 所示。

❷ 登录成功后，点击右上角的⊕按钮，在打开的下拉列表中选择"添加朋友"选项，如图 5-18 所示。

图5-17 登录微信

图5-18 添加朋友

❸ 进入"添加朋友"界面，点击界面上方的搜索栏，如图 5-19 所示，在其中输入微信号或手机号搜索。

❹ 打开的界面中将显示搜索到的用户，点击 添加到通讯录 按钮，如图 5-20 所示。

⑤ 进入"申请添加朋友"界面，在"发送添加朋友申请"文本框中输入申请信息，然后在"设置备注"文本框中输入对方的备注信息，其他保持默认设置，最后点击 发送 按钮，如图 5-21 所示。

⑥ 请求发出，若对方同意，则会收到一条系统消息提示已成功添加，如图 5-22 所示。

图5-19　搜索号码　　　　图5-20　开始添加　　　　图5-21　发送申请　　　　图5-22　添加成功

2．即时聊天

微课视频
即时聊天

通过微信，用户可以即时聊天，其方法与使用 QQ 即时聊天相似。使用微信可以发送文字、图片以及进行视频通话、语音通话等，具体操作如下。

① 启动微信，在界面下方点击"通讯录"按钮 ，在好友列表中选择要发送消息的好友，在打开的界面中点击 ○ 发消息 按钮，如图 5-23 所示。

② 打开微信好友对话界面，在文本框中输入对话内容，点击 发送 按钮即可发送消息，如图 5-24 所示。

图5-23　选择要发送消息的好友　　　　　　图5-24　发送消息

❸ 在对话界面中点击☺按钮，在打开的下拉列表中可选择并发送表情，如图 5-25 所示。

❹ 在对话界面中点击⊕按钮，在打开的界面中点击"相册"按钮🖼，可以发送图片或视频，如图 5-26 所示。

图5-25 发送表情　　　　图5-26 发送图片或视频

❺ 点击对话界面中的◎按钮，再按住 按住 说话 按钮，可以给对方发送语音消息，如图 5-27 所示。

图5-27 发送语音

知识补充

　　　微信具有视频通话或语音通话功能，发起视频通话的方法如下：在对话界面中点击⊕按钮，在打开的界面中点击"视频通话"按钮■◀，然后在打开的界面中选择"视频通话"选项，如图5-28所示。

图5-28　视频通话

3．文件传输

微信支持文件的在线传输。下面通过微信发送文件，具体操作如下。

微课视频

文件传输

❶　在好友对话界面中点击⊕按钮，在打开的界面中用手指向左滑动，点击"文件"按钮▬。

❷　在打开的界面中选择要发送的文件，点击 发送(1/9) 按钮。

❸　打开"发送给"对话框，在其中可以给对方留言，此处不留言，直接点击 发送 按钮，如图5-29所示。

❹　文件发送完毕，在对话界面中将显示发送的文件，如图5-30所示。

图5-29　确认发送　　　　　　　　　图5-30　发送完毕

任务三　使用微博进行互动

微博是一个通过关注机制分享简短实时信息的广播式的社交网络平台，是目前用户使用较多的平台。微博具有随时发布信息、信息传播快速、实时搜索等特点，因此拥有大量的活跃用户。

任务目标

使用微博进行互动，主要练习关注他人微博账号，发布微博，点赞、评论、转发微博等操作。通过本任务的学习，用户可以掌握微博的基本操作。

相关知识

微博是新媒体时代的社交工具之一，具有平民化、碎片化、交互化等传播的特征，这些特征使其成为人们生活中重要的社交工具。在微博上，用户可以使用文字、图片、视频、音频等多种媒体形式，实现信息的及时分享、传播和互动。微博具有特色鲜明的传播模式与特征，微博用户只需注册一个账号，就可以在网页端或手机端发布和接收微博信息，缩短了信息从发布到接收的路径，节省了时间。图5-31所示为网页端和手机端微博的操作界面。

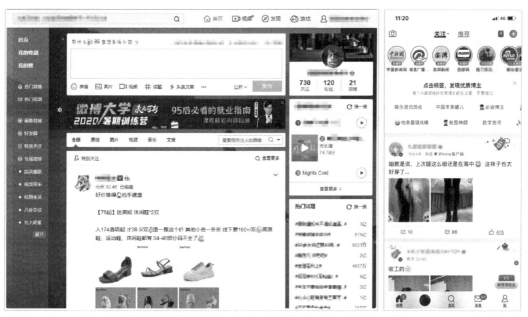

图5-31　网页端和手机端微博的操作界面

第一次使用微博的用户需要注册微博账号，注册后，使用手机验证码或账号密码登录即可。如果不想注册登录，也可以以游客的身份浏览，但是许多操作会受到限制。

任务实施

1．关注他人微博账号

与微信、QQ不同，在微博中，用户是通过关注的形式来添加好友的。用户不仅可以关注好友、同事、客户等，还可以关注明星、名人，以及一些感兴趣的博主。用户在微博中关注他人微博账号以后，就能第一时间看到其发布的微博。两个微博用户之间可以结成互相关注的关系，这称为"互粉"。在手机端微博中关注他人微博账号的具体操作如下。

微课视频

关注他人微博账号

1 启动并登录微博，点击界面下方的"我"按钮，进入"我"界面，如图5-32所示。

2 点击界面左上角的按钮，进入"微博找人"界面，在该界面中可以寻找自己感兴趣的或想要关注的微博账号。例如要关注"微博搞笑排行榜"，需要点击界面顶部的搜索框，在其中输入微博昵称"微博搞笑排行榜"，然后微博会精确查找并显示与之相关的微博账号，找到需要关注的微博账号后，点击其昵称后的按钮，如图5-33所示。

3 在打开的"选择分组"界面中对关注的微博账号进行分组，此处保持默认设置，然后点击 确定 按钮，如图5-34所示。

图5-32 "我"界面

图5-33 搜索寻找要关注的微博账号

图5-34 选择分组

知识补充

微博将平台中的微博账号划分出了多种类别，包括搞笑幽默、美食、动漫、综艺节目、运动健身、娱乐明星、旅游、摄影、母婴育儿、媒体等。用户可以在"发现用户"界面中浏览并关注不同类别的微博账号。

2．发布微博

微课视频

发布微博

在微博中，用户可以随时随地发布微博，发布的微博可以以文字、图片、视频等形式呈现。下面通过手机端微博发布一条微博，具体操作如下。

❶ 启动微博，点击"首页"界面右上角的➕按钮，在打开的下拉列表中选择"写微博"选项，如图5-35所示。

❷ 进入"发微博"界面，在界面中间的空白处输入想要发布的文字，如此处输入"绿阴幕定蔚蓝天，庭户萧然有漏仙。"，点击界面下方的🖼按钮添加图片，如图5-36所示。

❸ 打开用户的手机相册，选择要添加的图片，然后点击 下一步(3) 按钮，如图5-37所示。

❹ 点击界面下方的☺按钮，在微博中添加表情，再点击界面右上角的 发送 按钮，发布微博，如图5-38所示。

图5-35　选择"写微博"选项

图5-36　输入文字

图5-37　选择图片

图5-38　发布微博

知识补充

"发微博"界面下方还有◉、@、♯、⒢ɪꜰ等按钮。点击◉按钮可以在微博中添加实时位置；点击@按钮可以提醒特定的微博用户看此微博；点击♯按钮可以在微博中添加话题，如＃美食＃；点击⒢ɪꜰ按钮可以在微博中添加动图。

发布微博后，用户可以查看自己发布的微博，方法如下：点击界面中的"我"按钮&，在打开的"我"界面上方可看到自己发布的微博数量、关注的微博账号的数量和粉丝数量，点击22微博按钮，可在打开的界面中查看自己发布的全部微博，如图5-39所示。

图5-39　查看自己发布的微博

3．点赞、评论、转发微博

要想在微博中和他人互动，可点赞、评论、转发他人发布的微博，具体操作如下。

微课视频

点赞、评论、转发微博

❶ 启动微博，浏览自己感兴趣的内容，点击某条微博内容下方的👍按钮，即对该条微博内容进行了点赞操作，如图5-40所示。点赞后，👍按钮会从白色变为橘色。

图5-40　点赞

❷ 进入"微博正文"界面，点击界面下方的"评论"按钮🗨，在打开界面的输入框中输入评论内容，输入完毕后点击 发送 按钮，即可对该条微博进行评论，如图5-41所示。

图5-41 评论

❸ 点击"转发"按钮⤴，在打开的列表中选择"转发"选项，进入"转发微博"界面，在该界面中可以输入自己的评价或想法（也可以不输入），然后点击右上角的 发送 按钮，即可对该条微博进行转发，如图5-42所示。

图5-42 转发

实训一　使用微信发送图片

使用微信将图片发送给好友。通过本实训的操作，用户可以进一步巩固使用微信的基本方法。

【实训思路】

搜索好友，打开对话界面，进行信息交流并发送图片。图 5-43 所示为其对话内容。

【步骤提示】

① 登录微信，在搜索框中输入"安妮"，搜索到好友后，选择好友。

② 打开好友对话界面，在文本框中输入文字内容，单击⊕按钮，在打开的界面中点击"相册"按钮🖼️，然后选择手机中要发送的图片发送给好友。

③ 查看好友回复信息，继续进行会话。

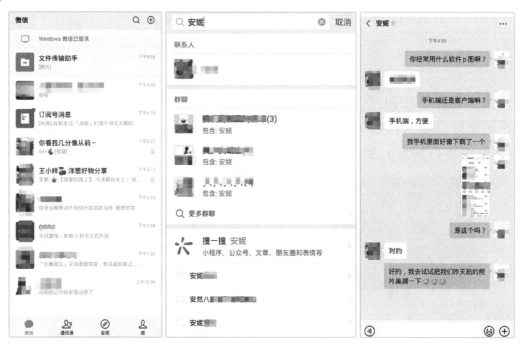

图 5-43   使用微信发送图片

实训二   关注他人微博账号并点赞、评论其微博

【实训要求】

使用微博关注感兴趣的微博账号，并进行点赞、评论操作。通过本实训的操作，用户可以进一步巩固使用微博与他人互动的基本知识。

【实训思路】

本实训的操作思路如图 5-44 所示，先打开微博搜索感兴趣的微博账号并关注，然后进入其个人主页，找到发布的微博，进行点赞、评论操作。

【步骤提示】

❶ 启动微博，点击界面下方的"我"按钮⊖，进入"我"界面。

❷ 点击界面左上角的⊖按钮，进入"微博找人"界面，在该界面中寻找自己感兴趣的或想要关注的微博账号。

❸ 选择界面上方的"媒体"选项，进入"媒体"界面。

❹ 点击微博账号"××视频"后的+关注按钮，在打开的"选择分组"界面中选中"视频音乐"后的复选框，然后点击保存按钮，关注微博账号"××视频"。

❺ 点击进入"××视频"的个人主页，浏览其发布的微博，然后点赞、评论。

图5-44　关注他人微博账号并点赞、评论其微博

课后练习

练习1：添加QQ好友并与之交流

登录QQ，添加好友，与之交流并向其发送文件，操作要求如下。

● 输入账号和密码登录QQ，查找并添加好友。

● 双击好友头像，打开聊天窗口，向好友发送消息并邀请好友进行视频通话。

● 向好友发送离线文件。

练习2：使用微信与好友进行视频通话

试着使用微信与好友进行视频通话。

练习3：关注微博账号"人民日报"并点赞、评论其微博

在微博中关注微博账号"人民日报"，并点赞、评论其发布的微博。

1. 查看 QQ 消息记录

使用QQ同时与很多好友交流时，难免会忘记交流的重点内容，此时用户可以打开与好友交流的QQ对话窗口，在输入文本框上方单击 🕙 按钮，打开"消息记录"窗口，查看与该好友近期交谈的内容。

2. 使用微信查阅微信公众号文章

在微信中，用户可以方便地查看微信公众号信息，方法如下：启动微信，在界面下方点击"通讯录"按钮 🔗，在通讯录列表中选择"公众号"选项，在打开的"公众号"界面中选择要查看的微信公众号即可，此处选择"财税解读"公众号，如图5-45所示。

图5-45　使用微信查阅微信公众号文章

项目六

智能移动办公工具

情景导入

米拉：老洪，我明天要去接待客户，早上不能到公司打卡怎么办？需要跟人事部门报备一下吗？

老洪：不用，你在手机上下载钉钉，我邀请你加入，然后你在钉钉上打卡就行了。另外，别忘了参加下午3点的会议！

米拉：啊？下午3点！那时候我还在高铁上呢？赶不回来参加呀！

老洪：没事，这次是在腾讯会议上进行的视频会议，你下载好腾讯会议，在高铁上也可以参会。这次会议非常重要，会议记录和一些项目资料你可得好好收集整理一下。

米拉：那我还得带上笔记本和笔，我的行李重量又要增加了。

老洪：没那么麻烦，你使用印象笔记就可以轻松收集、整理会议记录和项目资料等，它还内置清单功能，能帮你更直观、便捷地管理工作任务及待办事项。

学习目标

○ 掌握使用钉钉办公的方法
○ 掌握使用印象笔记办公的方法
○ 掌握使用腾讯会议办公的方法

技能目标

○ 能使用钉钉创建企业/团队/组织、考勤打卡等
○ 能使用印象笔记新建笔记、创建待办事项等
○ 能使用腾讯会议进行会议协作

任务一　　使用钉钉办公

　　钉钉是国内流行的智能移动办公平台，用于商务沟通和工作协同。钉钉代表一种"新工作方式"，不仅能够实现组织在线、沟通在线、协同在线、业务在线，服务企业内部的沟通协调，还能实现企业运营环境的整体生态改造，为企业提供一站式智能办公体验。

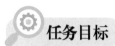 **任务目标**

　　使用钉钉办公，提高沟通和协同效率，主要练习创建企业/组织/团队、考勤打卡、设置全员群、开通企业办公支付服务等操作。通过本任务的学习，用户可以掌握使用钉钉办公的方法。

 **相关知识**

　　钉钉由阿里巴巴于 2014 年 1 月筹划启动，由阿里巴巴来往产品团队打造。用户在手机上下载并打开钉钉，点击界面下方的 注册账号 按钮，在打开的界面中输入手机号码即可注册并登录钉钉。

任务实施

1. 创建企业/组织/团队

微课视频
创建企业/组织/团队

　　❶ 登录钉钉后，点击下方的"通讯录"按钮 🖻，打开"通讯录"界面，选择界面中的"创建加入企业/组织/团队"选项，如图 6-1 所示。

　　❷ 打开"创建/加入团队"界面，选择"创建团队"选项，打开"请选择要创建的类型"界面，在"所在企业"栏下输入真实名称，然后选择"行业类型"选项，在打开的"所在行业"界面中选择企业/团队所属的行业，此处选择"文体/娱乐/传媒"栏下的"文化艺术业"选项，如图 6-2 所示。再按照相同的方法设置其他信息，最终效果如图 6-3 所示。

　　❸ 点击 创建 按钮，进入添加成员界面。点击界面中的 查看可能认识的成员 按钮，钉钉会通过用户的公开信息和手机通讯录，寻找可能认识的成员；用户点击成员姓名后的 邀请 按钮，钉钉即通过发送短信的方式邀请成员；添加成员完毕后，点击下方的 完成 按钮即可完成创建，如图 6-4 所示。

图6-1 "通讯录"界面

图6-2 选择行业类型

图6-3 完善企业/组织/团队信息

图6-4 查看可能认识的成员并添加

知识补充

　　若不想让钉钉查看自己的手机通讯录，用户可以通过微信邀请、二维码邀请、钉钉内邀请等多种方式添加成员，如图6-5所示。

图6-5 添加成员的其他方式

微课视频

考勤打卡

2．考勤打卡

❶ 在钉钉工作台界面中点击"考勤打卡"图标 ，进入企业／组织／团队的考勤打卡界面，点击下方的"设置"按钮 ⚙，进入设置界面，然后点击"新增考勤组"按钮 ➕，如图6-6所示。

❷ 进入"新增考勤组"界面，点击"参与考勤人员"后的 ➕ 按钮，进入"参与考勤人员"界面，在其中添加考勤组中的考勤人员。

❸ 点击"考勤组名称"后的 ﹀ 按钮，进入"考勤组名称"界面，输入考勤组的名称"金字××"。

❹ 返回"新增考勤组"界面，点击"考勤类型"后的 ﹀ 按钮，在打开的界面中选择考勤类型，此处选中"固定时间上下班"单选项，如图6-7所示。

❺ 返回"新增考勤组"界面，点击"考勤时间"后的 ﹀ 按钮，进入"考勤时间"界面，点击"星期"栏中的 一 二 三 四 五 六 选项设置工作日。点击"上下班时间"后的 ﹀ 按钮，进入"请选择班次"界面，点击 ⊕ 新增班次 按钮。在打开的"新增班次"界面中设置上班打卡为"8:30"，下班打卡为"17:30"，午休开始为"12:00"，午休结束为"13:30"，设置完毕后，点击 保存 按钮，如图6-8所示，在打开的界面中选择"立即生效"选项。

图6-6　新增考勤组

图6-7　设置考勤类型

图6-8　新增班次

❻ 返回"请选择班次"界面，选择"金字××"单选项，单击 确定 按钮完成上下班时间设置。返回"考勤时间"界面，完成考勤时间的设置，如图6-9所示。

❼ 返回"新增考勤组"界面，点击"打卡方式"后的 ﹀ 按钮，进入"地点打卡"界面，

点击"添加"按钮 ⊕。在打开的界面中根据手机定位设置考勤地点，并设置允许打卡范围为"200米"，完成后单击 确定 按钮，如图6-10所示。

8 返回"新增考勤组"界面，考勤规则设置完毕，如图6-11所示。点击 确定 按钮，在打开的界面中选择"立即生效"选项完成考勤打卡的设置。

图6-9 设置考勤时间

图6-10 设置打卡方式

图6-11 考勤规则设置完毕

知识补充

除了设置参与考勤人员、考勤组名称、考勤类型、考勤时间和打卡方式外，用户还可以在钉钉中设置加班规则和外勤打卡，点击"设置"栏下的相应按钮，即可一一设置。

3．设置全员群

钉钉的即时聊天主要通过全员群来实现，钉钉具有一触即达、身份和信息双重安全保障、群聊可精细化管理等特性，可以帮助企业实现工作沟通与生活聊天相分离，让员工专注工作。钉钉全员群的成员仅限于企业成员，在职成员自动入群，离职成员自动退群。下面在钉钉中设置全员群，具体操作如下。

微课视频

设置全员群

1 创建企业／组织／团队完成后，钉钉会默认开启全员群，点击全员群右上方的...按钮，进入全员群的设置界面，如图6-12所示。

2 选择"群成员"选项，进入群成员界面，点击 查看"成都████有限公司"全员组织架构> 按钮。在打开的界面中点击 去补全> 按钮，完善公司组织架构（未补全公司组织架构的，首次进入该界面时需要完善），如图6-13所示。一般来说，钉钉会根据企业所在行业预置了可能的部门。打开设置部门的界面后，点击界面中部门后的 编辑 按钮可重命名或删除该部门，点击界面中的 ⊕ 添加新部门 按钮可以添加部门，完善部门后的效果如图6-14所示。

图6-12　全员群的设置界面　　　　图6-13　完善公司组织架构　　　　图6-14　预置部门

③　设置好公司部门后，点击界面下方的 ▅▅▅ 完成 ▅▅▅ 按钮，在打开的界面中添加部门主管，此处需要将"廖某"设置为业务部主管。点击"业务部"下方的 ▅ 添加主管 按钮，在打开的"设置部门主管"界面中选中"廖某"单选项，如图6-15所示。最后点击"确定"按钮完成设置。按照同样的方法设置其他部门的部门主管，设置完成后的效果如图6-16所示，最后点击 ▅▅▅ 完成 ▅▅▅ 按钮完成设置。

图6-15　设置业务部主管　　　　　　　　图6-16　部门主管设置完成的效果

④　返回全员群主界面，在全员群对话界面的文本框中输入要发送的内容，点击 发送 按钮，在对话界面中可看到未读消息的人数，此处有两个人未读消息，点击 2人未读 按钮，如图6-17所示。

⑤　进入"消息接收人列表"界面，点击下方 ▅▅▅ DING一下 ▅▅▅ 按钮，在打开的界面中选择要提醒的成员，然后点击下方的 确认提醒(2) 按钮，在打开的界面中选择提醒的方式，此处选择"短信提醒"选项（钉钉将以短信的形式提醒成员查看消息），如图6-18所示。

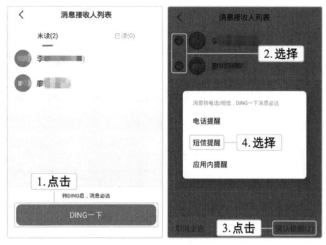

图6-17　发送消息　　　　　　　　图6-18　提醒成员查看消息

⑥　返回群对话界面，长按要撤回的已发送消息，在打开的界面中单击"撤回"按钮🔙，可以撤回24小时内发送的消息，如图6-19所示。

⑦　点击全员群右上方的…按钮，进入全员群的设置界面，选择"群管理"选项。进入"群管理"界面，点击"设置群内禁言"后的▷按钮，打开"设置群内禁言"界面，可对成员进行禁言，如此处要将全员禁言，点击"全员禁言"选项后的⚪按钮即可。禁言后，全员群对话界面中出现"该群开启了全员禁言"提示信息，如图6-20所示。

图6-19　撤回消息　　　　　　　　图6-20　设置禁言

4．开通企业办公支付服务

钉钉的企业办公支付服务是由阿里巴巴出品、钉钉及支付宝联合推出，高效智能的一站式安全支付服务。钉钉开通企业办公支付服务后，企业可以实现人、财、物、事的在线一体化管理。通过企业办公支付服务，企业

微课视频

开通企业办公支
付服务

报销支付和员工提现均不需要支付手续费，从而节省了办公费用。下面在钉钉中开通企业办公支付服务，具体操作如下。

1 点击钉钉工作台界面"其他应用"栏右侧的 ➕更多应用 按钮，在打开的界面的搜索框中输入"支付宝"，在查找结果中选择"支付宝"选项，如图 6-21 所示。

图6-21　搜索"支付宝"应用

2 进入"产品详情"界面，点击右下方的 免费开通 按钮，在打开的界面下方点击 同意授权并开通 按钮，进入"快速开通"界面，点击下方的 同意协议并开通 按钮即成功授权并开通"支付宝"应用，如图 6-22 所示。

图6-22　授权并开通"支付宝"应用

3 成功授权并开通"支付宝"应用后应先设置财务人员，在"设置财务人员"界面中点击 ➕从企业选入 按钮，进入"指定财务人员"界面，在其中选择企业的财务人员，然后返回"设置财务人员"界面，点击 下一步 按钮，如图 6-23 所示；接着设置可支付的审批模板，此处点击报销后的 ◯ 按钮，然后点击 下一步 按钮，如图 6-24 所示。

❹ 打开"添加账号"界面，点击界面中的 同意协议并添加 按钮，如图 6-25 所示，完成开通企业办公支付服务的操作。需要说明的是，钉钉的企业办公支付服务支持添加多个支付宝账号，且企业支付宝账号和个人支付宝账号均可。

图6-23 设置财务人员

图6-24 设置可支付的审批模板

图6-25 添加账号

任务二　使用印象笔记办公

　　俗话说"好记性不如烂笔头"，在阅读和听讲时经常需要记笔记。日常办公时，有关工作的信息和数据很多，仅仅依靠大脑是无法记住所有信息的，因此需要记笔记。但是，在现代企业中，传统的使用纸笔来记录的方式的工作效率低下，因此使用笔记类软件成了大多数人的选择，其中著名的笔记软件和知识管理工具——印象笔记成了很多职场人士的首选。

 任务目标

　　使用印象笔记办公，主要练习新建笔记、分享笔记、移动笔记、创建待办事项并设置提醒等工作中常进行的操作。通过本任务的学习，用户可以掌握使用印象笔记高效办公的方法。

相关知识

　　印象笔记源于 2008 年正式发布的多功能笔记类应用——Evernote，它是一款知名度比较高的笔记软件。印象笔记支持所有的主流平台和操作系统，可以在手机、计算机、平板电脑等多种设备间无缝同步用户的每日见闻、灵感等，可以帮助用户一站式完成信

息的备份、高效记录、分享、多端同步和永久保存。下载并打开印象笔记后，使用手机号码注册即可登录。图 6-26 所示为印象笔记的手机端界面。

图6-26 印象笔记手机端的操作界面

对于职场人士来说，印象笔记是一款功能非常强大的、可以提高办公效率的软件，可以让工作井井有条。总的来说，其功能亮点主要包括以下几个方面。

- **信息收集**。印象笔记可以集中收藏来自微信、微博等的优质内容。印象笔记的剪藏功能还可以剪藏网页的图文内容。印象笔记的光学字符识别（Optical Character Recognition，OCR）文字识别功能可以识别并保存图片中的文字。用户可以使用拍照功能来扫描书籍、纸张、板书和名片等，实现信息的数字化保存。
- **高效记录**。使用笔记本组和标签，用户可以打造自己的专属知识库。印象笔记支持插入 Word 文档、Excel 文档、PowerPoint 文档、PDF 文件、音频、图片等内容。
- **团队分享与协作**。用户可以通过微信、微博等途径与同事分享笔记内容，与团队共享笔记和笔记本，还可以建立工作群聊，便于团队围绕笔记进行讨论，以快速推进项目，满足团队一对多、多对一、多对多的信息同步需求。
- **任务清单**。使用印象笔记，用户可以通过创建清单来管理日常工作待办事项，保持专注与高效。
- **员工管理**。印象笔记支持一键邀请成员、一键离职，简化了人事流程。管理员还可集中控制文件复制、下载、导出等操作，实现批量删除、批量更改标签、批量更改共享状态，概览团队所有笔记等功能，从而对团队资料了然于胸。

任务实施

1. 新建笔记

使用印象笔记能够快速记录有价值的工作信息。下面在印象笔记中新建笔记，具体操作如下。

① 打开印象笔记，点击屏幕中心的图标按钮 ⊕。在打开的列表中选择"文字笔记"选项，如图 6-27 所示。

② 进入编辑界面，在"笔记标题"文本框中输入"青海之旅"，然后点击标题下方的 □工作 ✓ 按钮。进入"移动 1 条笔记"界面，点击右上角的 □ 按钮新建笔记本，在打开的界面中输入笔记本名称，此处输入"旅行"，然后点击 好 按钮，如图 6-28 所示。

图6-27 新建笔记

图6-28 新建笔记本

知识补充

用户在编辑笔记内容时，还可以为笔记添加图片文件、视频文件、录音文件等附件。例如，添加图片文件的方法如下：点击笔记编辑界面中的 ⌀ 按钮，在打开的界面中选择"相册"选项，然后在手机相册中选择要添加的图片，点击 ✓ 按钮即可，如图 6-29 所示。

图6-29 为笔记添加图片文件

③ 在编辑区域输入笔记内容,图 6-30 所示为笔记的部分内容,完成后点击界面左上角的✓按钮保存笔记。用同样的方法可以新建工作或生活中的各类笔记。

2．分享笔记

在工作中，很多项目需要和同事协作完成，使用印象笔记的分享功能可以分享各种工作资料，实现良好的协同办公。下面在印象笔记中分享笔记，具体操作如下。

微课视频
分享笔记

图6-30　保存新建的笔记

① 打开印象笔记，选择打开"会议纪要"笔记，点击笔记界面上方的按钮,在打开的界面中选择分享的途径,此处选择"微信好友"选项,如图 6-31 所示。

② 进入微信，在其中选择要分享的联系人，然后点击界面右上方的 确定(1) 按钮分享，如图 6-32 所示。

③ 打开"发送给："界面，可以在下方的文本框中输入相关信息给朋友留言，此处不留言，然后点击 发送 按钮，如图 6-33 所示。

图6-31　分享笔记

图6-32　选择联系人

图6-33　确认发送

④ 发送成功后，在微信对话窗口中，会以小程序的形式将笔记分享给好友，好友点击小程序进入印象笔记后可查看笔记内容。

3．移动笔记

在使用印象笔记记录各种内容时，如果用户没有做好分类工作，可能会存在笔记内容和笔记本不符的问题。为了使笔记能更加条理清晰，笔记本界面更加简洁，用户可以通过移动笔记来整理笔记本中的笔记。下面在印象笔记中移动笔记，具体操作如下。

微课视频

移动笔记

① 打开印象笔记，在首页中点击 全部笔记 按钮，进入"切换笔记列表"界面，在其中选择笔记本，此处选择"工作"选项，如图 6-34 所示。

② 成功切换笔记本后，界面中将显示"工作"笔记本中的所有笔记，此时可以看到与工作无关的笔记。点击界面右上角的 按钮，在打开的下拉列表中选择"选择笔记"选项，如图 6-35 所示。

图6-34 切换笔记列表

图6-35 选择"选择笔记"选项

③ 选择"出行前准备""旅行行程安排"笔记，点击界面左下角的"移动"按钮，如图 6-36 所示。

④ 进入"移动 2 条笔记"界面，选择"旅行"选项，将笔记移动到"旅行"笔记本中，如图 6-37 所示。

⑤ 成功移动后，切换到"旅行"笔记本，在其中可查看刚刚移动过来的两条笔记，如图 6-38 所示。

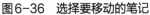

图6-36　选择要移动的笔记

图6-37　选择笔记

图6-38　移动完成

4．创建待办事项并设置提醒

日常工作中待处理的任务有时会比较多，如果有所遗漏就会降低工作的效率，严重的还会给公司造成不可挽回的损失。使用印象笔记创建代办事项并设置提醒，可以使用户清晰地知晓亟待解决的工作事项，有助于用户按时完成工作。下面在印象笔记中创建待办事项并设置提醒，具体操作如下。

微课视频

创建待办事项并设置提醒

① 打开印象笔记，点击屏幕中心的图标按钮 ⊕ ，在打开的列表中选择"文字笔记"选项。

② 进入编辑界面，在"笔记标题"文本框中输入"8月8日待办事项"，然后点击标题下方的 ▯ 工作 ∨ 按钮，进入"移动1条笔记"界面，点击右上角的 ▯ 按钮新建笔记本（也可以不新建笔记本，直接在默认的笔记本中创建新笔记即可）。在打开的界面中输入笔记本名称，此处输入"待办事项"，然后点击 好 按钮，如图6-39所示。

③ 返回笔记编辑区域，开始输入内容。在输入某一待办事项前，点击界面下方工具栏中的 ☑ 按钮，印象笔记会自动添加一个复选框，如图6-40所示。

④ 图6-41所示为输入待办事项后的笔记。完成工作任务之后，在笔记中找到相应待办事项并选中对应复选框，即表示该任务已完成。

⑤ 点击 ⊘ 按钮，在打开的下拉列表中选择"设置日期"选项，如图6-42所示。

⑥ 打开日历，在其中选择相应的提醒日期和时间，此处将提醒时间设置为2020年8月8日下午5:30，然后点击 保存 按钮完成设置，如图6-43所示。

⑦ 提醒设置完成后，返回笔记编辑界面，点击界面左上角的 ✔ 按钮保存笔记，如图 6-44 所示。

图6-39 新建待办事项

图6-40 添加复选框

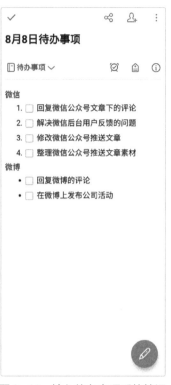

图6-41 输入待办事项后的笔记

图6-42 选择"设置日期"选项

图6-43 设置日期和时间

图6-44 保存笔记

任务三 使用腾讯会议办公

腾讯会议是腾讯云旗下的音／视频会议产品，是一款非常好用的远程会议软件，对于现代企业进行远程办公来说十分有用。使用腾讯会议办公，可以真正改变企业以往的传统办公模式，让办公成员实现线上开会、远程办公。

 **任务目标**

使用腾讯会议进行远程办公，主要练习注册并登录腾讯会议、加入腾讯会议、创建快速会议、创建预定会议等操作。通过本任务的学习，用户可以掌握使用腾讯会议进行会议协作的方法。

 **相关知识**

腾讯会议是基于腾讯 21 年来在音／视频通信方面的经验，并依托于腾讯的简单易用、高清流畅、安全可靠的云会议协作平台。

1. 腾讯会议的界面

腾讯会议的界面非常清爽，操作也比较简单，具有 300 人在线会议、全平台一键接入、音／视频智能降噪、美颜、背景虚化、锁定会议、添加屏幕水印等功能。图 6-45 所示为手机端腾讯会议的界面。使用腾讯会议，用户可以随时随地、秒级入会，从而提高会议效率，实现移动办公、跨企业开会。

腾讯会议的操作界面提供了一系列操作按钮，这些按钮可以协助用户进行会议控制。下面对这些按钮进行介绍。

- **"静音／解除静音"按钮**。该按钮用于静音或者取消静音。
- **"开启／停止视频"按钮**。该按钮用于开启或关闭摄像头。
- **"共享屏幕"按钮**。该按钮用于把屏幕中显示的内容分享给其他人。用户点击"共享屏幕"后，可快速发起共享，但是在同一时间内只支持单人共享屏幕。用户共享屏幕后，屏幕共享菜单会在3s后进入沉浸模式，自动隐藏在顶部，点击屏幕可将其唤出。
- **"管理成员"按钮**。点击该按钮可以查看当前成员列表。如果用户是主持人，还可以对成员进行管理，从而控制会场纪律，如设置全体静音、成员入会时静音、成员进入时播放提示音等。

图6-45　手机端腾讯会议的界面

- **"更多"按钮■■■**。单击"更多"按钮■■■可以在打开的列表中选择"红包""邀请""聊天""文档""设置""虚拟背景""断开音频"等选项。选择"红包"选项可以在会议中发送红包，选择"邀请"选项可以邀请新的成员加入会议，选择"聊天"选项可以打开聊天窗口，选择"文档"选项可以打开在线文档编辑界面，选择"设置"选项可以测试扬声器和麦克风，选择"虚拟背景"选项可以自行设置开会时的背景，选择"断开音频"选项可静音。

2．腾讯会议的会议功能

腾讯会议主要提供了"加入会议""极速会议""预定会议"3个会议功能，其中"加入会议"比较容易理解，即会议的入口，主要用于参加他人组织发起的会议。下面介绍极速会议和预定会议。

- **快速会议**。快速会议又称为即时会议，用户利用该功能可以立即发起一个会议。快速会议不会在会议列表中展示。用户离开会议后，也不能在会议列表找到此会议，但可以在会议开始1小时内，通过输入会议号加入会议的方式再次回到此会议。会议持续1小时后，若会议中无人，系统会主动结束该会议。

- **预定会议**。预定会议是指填写预定信息后发起的比较正式的会议。用户预定会议时，需要填写预定信息，会议预定成功后，会同步到用户的日历日程中。用户不仅可以在预定会议界面填写"会议主题""开始时间""结束时间""入会密码"等信息，并上传会议文档，还可以在"会议列表"中查看今天及今天以后的预定会议及会议号。当会议到达预定的"结束时间"时，系统不会强制结束用户的会议。所有已预定会议都可以保留30天（从预定开始时间算起），用户可以在30天内随时进入该会议。

任务实施

1．注册并登录腾讯会议

使用腾讯会议开展远程会议，首先需要注册并登录，具体操作如下。

① 在手机上下载腾讯会议后打开该软件，点击 [注册/登录] 按钮。

② 进入"验证码登录"页面，点击界面下方的"新用户注册"按钮，如图 6-46 所示。

③ 进入注册页面，根据要求输入对应的信息，然后点击 [完成] 按钮，如图 6-47 所示完成注册。

④ 注册成功后，将自动跳转到登录后的腾讯页面，无需再次进行登录操作，如图 6-48 所示。

图6-46　新用户注册　　　　图6-47　注册完成　　　　图6-48　登录腾讯会议

2．加入腾讯会议

登录腾讯会议后，用户可以通过点击链接或输入会议号加入会议。通过链接加入会议比较简单，用户点击收到的邀请链接验证身份后，即可直接进入会议。下面讲解通过输入会议号进入会议的方法，具体操作如下。

① 打开腾讯会议，在腾讯会议操作界面点击"加入会议"按钮，如图 6-49 所示。

② 进入"加入会议"界面，在"会议号"数值框中输入 9 位会议号，在"您的名称"

文本框中输入在会议中显示的你的名字（默认使用个人资料页的昵称），并设置相应的入会选项，点击[加入会议]按钮即可加入会议，如图6-50所示。

图6-49 点击"加入会议"按钮

图6-50 "加入会议"界面

3．创建快速会议

在日常工作中，很多任务事项需要通过召开即时会议及时处理。使用腾讯的"快速会议"功能，可以快速、即时发起一个会议。下面在腾讯会议中创建快速会议，具体操作如下。

创建快速会议

❶ 打开腾讯会议，在腾讯会议操作界面中点击"快速会议"按钮⚡，如图6-51所示。

❷ 进入"快速会议"界面，设置是否开启视频、是否使用个人会议号，然后点击[进入会议]按钮，如图6-52所示。

❸ 进入会议，先点击界面下方的"管理成员"按钮👤，然后在打开的界面中点击下方的[邀请]按钮，再在打开的界面中选择邀请方式，此处选择"微信"选项，如图6-53所示。打开微信选择联系人，发给对方一个腾讯会议链接，对方点击链接，在打开的页面中点击[加入会议]按钮，即可进入会议。

图6-51 点击"快速会议"按钮

图6-52 "快速会议"界面

图6-53　邀请会议成员

4．创建预定会议

除了创建快速会议外，用户还可以通过腾讯会议的"预定会议"功能创建预定会议，具体操作如下。

微课视频

创建预定会议

❶ 打开腾讯会议，在腾讯会议操作界面点击"预定会议"按钮。

❷ 进入"预定会议"界面，设置详细的会议信息，点击"完成"按钮，如图 6-54 所示。

❸ 在弹出的界面中点击右上角的"添加"按钮，新建日程，如图 6-55 所示。

❹ 进入"会议详情"界面，点击界面右侧的按钮邀请会议成员，在打开的界面中选择邀请方式，此处选择"QQ"选项，如图 6-56 所示。

图6-54　"预定会议"界面

图6-55　将会议同步到日历

图6-56　邀请会议成员

实训一　新增考勤组

【实训要求】

在钉钉中新增考勤组，参与考勤人员为"所有成员"，考勤组名称为
"考勤打卡"，考勤类型为"固定时间上下班"，打卡方式为"Wi-Fi 打卡"。
通过本实训的操作，用户可以进一步巩固使用钉钉进行考勤打卡的知识。

微课视频
新增考勤组

【实训思路】

先在钉钉中找到新增考勤组的入口，然后设置参与考勤的人员、考勤组名称、考勤
类型、考勤时间、打卡方式等，操作过程如图 6-57 所示。

图6-57　新增考勤组的操作过程

【步骤提示】

❶ 打开钉钉，在操作界面中点击"考勤打卡"按钮，然后进入设置界面。

❷ 进入"新增考勤组"界面，点击"参与考勤人员"后的⊕按钮，添加考勤组中的
考勤人员。

❸ 点击"考勤组名称"后的按钮，输入考勤组的名称。

❹ 点击"考勤类型"后的按钮，设置考勤打卡的类型。

❺ 点击"考勤时间"后的按钮，设置考勤打卡的时间。

❻ 点击"打卡方式"后的按钮，设置考勤打卡的方式。

实训二　预定会议

【实训要求】

微课视频
预定会议

使用腾讯会议预定一个时间为"2020 年 8 月 20 日 09:00—12:00"的会议。通过本实训的操作，用户可以进一步熟悉预定会议的基本操作。

【实训思路】

启动腾讯会议，先创建预定会议，然后设置详细的会议信息，最后邀请会议成员，操作过程如图 6-58 所示。

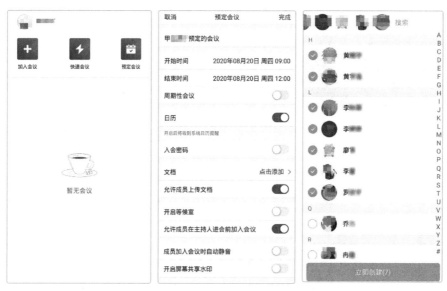

图6-58　预定腾讯会议的操作过程

【步骤提示】

① 启动腾讯会议，在操作界面点击"预定会议"按钮。

② 进入"预定会议"界面，设置详细的会议信息，如会议时间等。

③ 进入会议详情界面，点击界面右侧的按钮邀请会议成员。

课后练习

练习1：使用钉钉进行外勤打卡

打开钉钉进行外勤打卡。

练习2：使用印象笔记写回顾笔记

回顾笔记是对自己工作成果的记录，写回顾可以反思自我，总结经验，吸取教训。尝试使用印象笔记写回顾笔记，回顾笔记的内容包括工作进度、工作的困难点、工作的心得等。

练习3：使用腾讯会议创建快速会议

打开腾讯会议创建一个快速会议，并以微信的形式邀请会议成员参加。

1. 使用钉钉的签到功能记录客户拜访情况

使用钉钉的签到功能可以记录企业的业务部门外出拜访客户的情况，如给客户打电话、拜访地址签到、撰写拜访记录等，记录跟进这些拜访客户的行为可以方便业务部门的日常管理。使用钉钉的签到功能记录客户拜访情况的具体操作如下。

① 打开钉钉，在操作界面中点击"签到"按钮，如图6-59所示。

② 进入"签到"界面，在拜访对象栏中可点击按钮，通过通讯录选择拜访对象，也可以直接输入拜访对象的名称并签到，这样就可记录拜访客户的情况，如图6-60所示。

图6-59 点击"签到"按钮

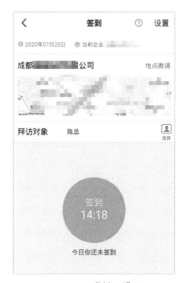

图6-60 "签到"界面

2. 顺利开展腾讯会议的方法

在开展腾讯会议时，如果成员不齐，或开会时出现发言人声音断断续续、有回音等问题，就会导致会议的效果不好。如何才能让腾讯会议顺利开展呢？下面从会前、会中、会后3个方面介绍顺利开展腾讯会议的方法。

（1）会前

- 提前让所有参会成员了解腾讯会议的使用方法，知晓会议时间、会议主题，提醒其准时上线参加会议。
- 提前进入腾讯会议，调试设备。
- 提醒参会成员在开会时应排除外界的干扰，确保网络稳定。如果环境声音嘈杂，可以静音或关闭摄像头。提醒需要发言的参会成员，提前根据上传的文档格式准备好发言资料。

（2）会中

- 确定会议的目标，明确会议的主题。
- 提高效率，把握重点，避免长篇大论，及时阻止跑题的情况发生。
- 做好会议记录。

（3）会后

- 及时把会议纪要发送给所有参会成员。
- 询问参会成员对会议是否存在不明确、不清楚的地方。

07

项目七

图形图像处理工具

情景导入

米拉：老洪，我需要从计算机的屏幕上截取一张图片，我试了用手机拍下来，但效果不太好，该怎么操作呢？

老洪：推荐使用Snagit，它是一款十分强大的截图软件，操作也很简单。

米拉：我的计算机里有很多旅游时拍的照片，虽然效果不太好，但是我舍不得删，该怎么办呢？

老洪：可以用美图秀秀美化一下啊。

米拉：这样啊！老洪，我感觉最近记忆力下降得十分厉害，每次要做的事情转过头就忘记了，好害怕哪天就造成工作失误了。

老洪：你可以试试用百度脑图做思维导图，这是一款非常好用的导图编辑工具。

米拉：老洪，老板让我用现有的图制作一张宣传海报，我不会做怎么办？

老洪：你可以使用创客贴试一试，该软件操作简单，而且制图方便。

米拉：好的，看来我需要学习的东西还有很多。

学习目标

○ 掌握使用Snagit截取图片的方法
○ 掌握使用美图秀秀美化图片的方法
○ 掌握使用百度脑图制作思维导图的方法
○ 掌握使用创客贴在线制作图片的方法

技能目标

○ 能使用Snagit截取图片
○ 能使用美图秀秀美化图片
○ 能使用百度脑图制作思维导图
○ 能使用创客贴制作微信公众号封面图、名片等

任务一　使用 Snagit 截取图片

　　Snagit 是一款强大的截图软件，除了拥有截图软件普遍具有的功能外，还可以捕获文本和视频图像，捕获后可以将其保存为 BMP、PNG、PCX、TIF、GIF 或 JPEG 等多种图片格式，或使用自带的编辑器对其进行编辑、打印等操作。

任务目标

　　使用 Snagit 截取图片，主要练习使用预设捕获模式截图、新建捕获模式、编辑捕获的图片等操作。通过本任务的学习，用户可以掌握使用 Snagit 截取图片的基本操作方法。

相关知识

　　Snagit 是一款优秀的抓图软件，和其他的捕获屏幕软件相比，其具有捕获种类多、捕获范围灵活、输出类型多，以及能简单处理图片等特点。启动 Snagit，其操作界面如图 7-1 所示。

图7-1　Snagit的操作界面

任务实施

1. 使用预设捕获模式截图

Snagit 提供了多种预设的捕获模式。下面使用"多合一"捕获模式截图，具体操作如下。

1 启动 Snagit，进入操作界面，在其下方的"预设"栏下选择一种预设的捕获模式，此处选择"多合一"选项，然后单击界面右侧的"捕获"按钮●进行捕获。

2 此时屏幕上会出现一个黄色虚线边框和一组十字形黄色线条，其中黄色虚线边框用来捕获窗口，十字形黄色线条用来选择区域。此处将黄色虚线边框移至文件列表区边缘，如图 7-2 所示。

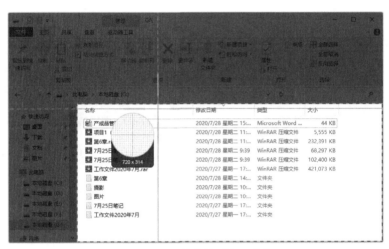

图7-2 捕获文件列表区图像

3 确认捕获图像后单击，将自动打开"Snagit 编辑器"窗口，并在窗口中显示已捕获的图像，如图 7-3 所示。按【Ctrl+C】组合键复制图像，打开 Word 文档，按【Ctrl+V】组合键粘贴图像。

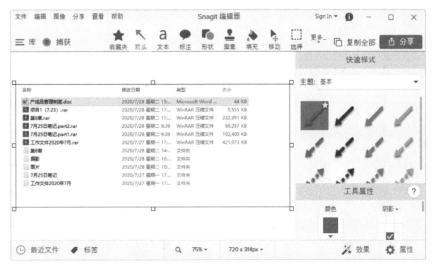

图7-3 "Snagit 编辑器"窗口

2．新建捕获模式

当预设的捕获模式无法满足实际需求时，用户可以新建捕获模式并设置相应的快捷键。下面新建"窗口—文件"捕获模式，具体操作如下。

❶ 启动 Snagit，进入操作界面，单击"预设"右侧的 ⊞▼ 按钮，在打开的下拉列表中选择"新建预设"选项，如图 7-4 所示。

❷ 打开"编辑预设"对话框，先单击"图像"选项卡，再单击"选择"右侧的下拉按钮 ▼，在打开的下拉列表中选择捕获的类型，此处选择"窗口"选项，如图 7-5 所示。

图7-4　选择"新建预设"选项

图7-5　选择捕获类型

❸ 单击"效果"右侧的下拉按钮 ▼，在打开的下拉列表中选择要应用的效果选项，如边框、阴影效果和缩放效果等，此处保持默认设置。

❹ 单击"分享"右侧的下拉按钮 ▼，在打开的下拉列表中选择"文件"选项，如图 7-6 所示。

❺ 单击"分享"右侧的 ⚙ 按钮，在打开的对话框中单击"图像文件类型"右侧的下拉按钮 ▼，在打开的下拉列表中选择"JPG-JPEG 图像"选项，其他保持默认设置，单击"编辑预设"对话框右侧的 ✓ 按钮，如图 7-7 所示。

图7-6　选择分享类型

图7-7　选择输出图像格式

⑥ 完成预设模式的设置后，"预设"栏下会新增一个名为"图像 到 文件"的捕获模式，用户可以更改其名称，此处保持默认设置，然后单击该捕获模式右侧的"添加热键"字段，按所需的键设置热键，此处设置为【F9】键，如图 7-8 所示。

图7-8　设置热键

3．编辑捕获的图片

在"Snagit 编辑器"窗口中可以对图像进行简单的编辑操作。下面编辑捕获的图片，主要包括旋转图片并修剪图片大小，具体操作如下。

微课视频

编辑捕获的图片

① 捕获图片后打开"Snagit 编辑器"窗口,选择【图像】/【旋转】/【逆时针】菜单命令，旋转图片，如图 7-9 所示。

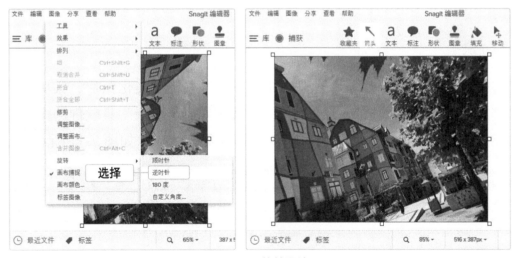

图7-9　旋转图片

② 选择【图像】/【修剪】菜单命令，然后将鼠标指针移动至图片下边缘，当鼠标指针变为修剪状态后，按住鼠标左键并向上拖动鼠标，即可修剪图片，如图 7-10 所示。

图7-10　修剪图片

任务二　使用美图秀秀美化图片

美图秀秀是一款免费的图片处理软件，具有添加图片特效、美容、拼图、添加场景、添加边框、添加饰品等功能，加上其每天更新的精选素材，可以帮助用户轻松得到影楼级照片。美图秀秀还具有分享功能，能够将照片一键分享到新浪微博、QQ空间，方便查看。

任务目标

使用美图秀秀进行美化图片、人像美容、添加装饰等操作。通过本任务的学习，用户可以掌握美图秀秀的基本应用方法。

相关知识

美图秀秀是目前最流行的图片处理软件之一，可以轻松美化照片，其功能强大全面，且易学易用。启动美图秀秀，进入操作界面，该操作界面与一般工具软件的操作界面相似，主要由功能选项卡、工具栏、设置窗口和工具箱等部分组成，如图7-11所示。

图7-11　美图秀秀的操作界面

任务实施

1. 美化图片

微课视频

美化图片

美化图片是美图秀秀的基本功能，通过该功能可对图片进行基本的调整，如旋转、裁剪等，也可以调整图片色彩和添加特效等。下面使用美图秀秀对"人物 1.jpg"图片进行美化，具体操作如下。

1 启动美图秀秀，在操作界面中单击"美化图片"选项卡，在打开的界面中单击 打开图片 按钮，如图 7-12 所示。

2 打开"打开图片"对话框，选择"人物 1.jpg"文件（素材所在位置：素材文件\项目七\任务二\人物 1.jpg），单击 打开(O) 按钮，如图 7-13 所示。

图7-12 打开图片

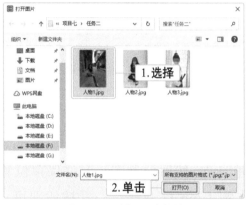

图7-13 选择图片素材

3 在左侧的"特效滤镜"面板的"基础"选项卡中选择"去雾"选项，如图 7-14 所示。

4 在"图片增强"栏中单击"增强"按钮，在打开的"增强"对话框中调整"亮度""对比度""饱和度""清晰度"等参数的值，如图 7-15 所示。

图7-14 选择"去雾"选项

图7-15 调整"亮度""对比度""饱和度""清晰度"参数的值

⑤ 在"增强"对话框中调整"色相""青 - 红""紫 - 绿""黄 - 蓝"等参数的值，如图 7-16 所示。

⑥ 完成美化后，在"增强"对话框中单击 对比 按钮，将显示美化前后的两张图片。用户可以根据两张图片的对比来确认美化效果是否满意，满意后单击 应用当前效果 按钮确认，如图 7-17 所示。

图7-16　调色

图7-17　查看效果对比

⑦ 单击界面右上角的 保存 按钮，打开"保存"对话框，在"保存路径"栏中选中"自定义"单选项，然后设置图片文件保存位置和名称（效果所在位置：效果文件\项目七\任务二\人物 1.jpg），单击 保存 按钮即可。

知识补充

　　美化图片时，用户还可以使用界面左侧的画笔工具，如使用涂鸦笔在图片上涂鸦，使用消除笔消除图片中的文字，使用魔幻笔绘制所需的图形或效果等。

2．人像美容

美图秀秀的人像美容功能非常实用，通过简单操作便可对人物进行瘦身和调整人物脸部肤色等操作，使人物更加自然、美丽。下面使用美图秀秀对"人物 2.jpg"进行瘦脸处理，具体操作如下。

微课视频

人像美容

① 打开图片"人物 2.jpg"（素材所在位置：素材文件\项目七\任务二\人物 2.jpg），单击"人像美容"选项卡，选项卡左侧面板中会显示各种人像美容项目，如面部重塑、皮肤调整等，如图 7-18 所示。

② 选择"人像美容"选项卡中"头部调整"栏下的"瘦脸"选项,打开"美型 - 瘦脸"对话框,放大显示图片,在右下角的缩略图中拖动选框,使人物脸部位于选框中间位置,再分别拖动"笔触大小"和"力度"下方的滑块,然后将鼠标指针移动到人物脸部,向内侧拖动鼠标指针,对人物脸部进行处理,将人物的圆脸调整为瓜子脸,如图 7-19 所示。

图 7-18　人像美容

图 7-19　瘦脸

③ 完成瘦脸操作后,在图片显示窗口中单击 对比 按钮。然后单击 应用当前效果 按钮应用美化效果,最后保存图片即可(效果所在位置:效果文件\项目七\任务二\人物 2.jpg)。

3.添加装饰

为了让图片更加绚丽多彩,用户可使用美图秀秀为图片添加装饰,如饰品、文字和边框等。下面在"人物 3.jpg"中添加装饰,具体操作如下。

① 启动美图秀秀,打开图片"人物 3.jpg"(素材所在位置:素材文件\

微课视频

添加装饰

项目七\任务二\人物 3.jpg）。

❷ 单击"文字"选项卡，在左侧的文字面板中可以选择文字装饰选项，此处选择"文字贴纸"选项，在右侧的文字贴纸模板列表中选择需要的样式，再将其拖动到合适的位置并设置相关参数，如图 7-20 所示。

图7-20　添加文字贴纸

❸ 单击"贴纸饰品"选项卡，在左侧的饰品面板中可以选择饰品选项，此处选择"炫彩水印"选项，在右侧的素材面板中选择需要的饰品，然后将其拖动到合适的位置，并在"素材编辑"对话框中设置"透明度""旋转角度""素材大小"等参数的值，如图 7-21 所示。

图7-21　添加饰品

❹ 单击"边框"选项卡，在左侧选择"简单边框"选项，打开"边框"对话框。在右侧的边框列表中选择需要的样式选项，然后单击 应用当前效果 按钮应用效果，如图 7-22 所示。其

效果如图 7-23 所示。最后单击界面右上角的 按钮保存图片（效果所在位置：效果文件＼项目七＼任务二＼人物 3.jpg）。

图7-22 选择边框

图7-23 添加边框后的效果

知识补充　美图秀秀还可以为图片设置场景，如可以为人像添加风景背景。用户只需打开图片并单击"更多"选项卡，即可在其中设置场景。另外，在美图秀秀的操作界面中单击"拼图"选项卡，还可以选择多张图片进行拼图。

任务三　使用百度脑图制作思维导图

在互联网时代，碎片化的阅读习惯使得很多人的思维越来越碎片化，他们对很多事情难以形成系统的思考。思维若没有完整的逻辑将不利于人们提高思考的效率。百度脑图是一款在线的思维导图编辑工具，用户可以用该工具制作思维导图，其不仅可以帮助用户系统地梳理知识，还有助于用户发散自己的思维。

任务目标

使用百度脑图制作思维导图，包括新建脑图、共享脑图、导出脑图等操作。通过本任务的学习，用户可以掌握使用百度脑图制作思维导图的基本操作。

 **相关知识**

百度脑图是一款免费的用于制作思维导图的工具，使用百度脑图制作思维导图可以很好地提高用户的学习效率，使用户更快地学习新知识，复习与整合旧知识，能够激发用户的联想与创意能力，使用户将各种零散的智慧、资源等融会贯通。百度脑图具有免安装、云存储、易分享的特点。用户启动浏览器后搜索百度脑图并进入官网，通过百度账号登录即可开始制作思维导图。

 任务实施

1．新建脑图

用户使用百度账号登录百度脑图后就可以开始新建脑图了，具体操作如下。

❶ 登录百度脑图，在界面中单击 **➕新建脑图** 按钮，如图7-24所示。

❷ 进入"新建脑图"界面，在界面中间的"新建脑图"主题框上双击，输入脑图名称，此处输入"新媒体运营"，如图7-25所示。

微课视频

新建脑图

图7-24　单击"新建脑图"按钮　　　　　图7-25　输入脑图名称

❸ 单击 **插入下级主题** 按钮插入下一级主题，输入"新媒体用户运营"，如图7-26所示。

❹ 单击"新媒体运营"主题框，使用同样的方法依次插入"新媒体产品运营""新媒体内容运营""新媒体活动运营"分支主题，效果如图7-27所示。

知识补充　除了通过单击 **插入下级主题** 按钮插入主题外，用户还可以在主题框上单击鼠标右键，在弹出的快捷菜单中选择相应的命令，如选择"下级"命令表示插入下一级主题，选择"同级"命令表示插入与主题框同级的主题。

图7-26 插入下一级主题

图7-27 插入其他分支主题

知识补充

"思路"选项卡下的工具栏除了可用于插入主题外，还可用于上移、下移分支主题的位置，添加链接、图片或备注。另外，如果需要为主题框添加序号，还可以在工具栏中单击相应的数字按钮。

⑤ 单击"外观"选项卡，在工具栏中单击 ✂ 按钮，在打开的下拉列表中选择"逻辑结构图"选项，更改脑图外观，如图7-28所示。

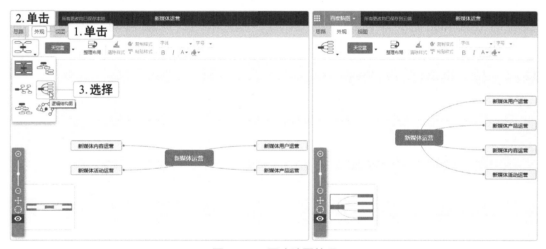

图7-28 更改脑图外观

⑥ 单击 按钮，在打开的下拉列表中可以选择颜色选项，如"文艺绿""清新红""泥土黄"等，此处保持默认设置，即"天空蓝"选项。

⑦ 新建脑图完毕后，单击界面右上角账号旁的 ■ 按钮，在打开的下拉列表中选择"我的文件"选项。在打开的界面中可查看新建的脑图，如图7-29所示。

知识补充

用户在制作脑图时，可能会经常遇到一行字数过多的情况，若试图通过按【Enter】键来执行，软件会默认该主题已输入完成，而按【Shift+Enter】组合键才能在同一主题中换行。

图7-29　查看新建的脑图

2．共享脑图

脑图编辑好以后，还可以将其共享给其他人，具体操作如下。

微课视频

共享脑图

① 进入百度脑图，打开新建的脑图，单击界面左上角的 百度脑图▼ 按钮。在打开的界面中单击"共享"选项卡，然后选择界面右侧的"与人共享"选项，如图 7-30 所示。

② 打开"分享脑图"对话框，先单击 打开链接 按钮，然后单击 复制链接 按钮复制链接，即可将脑图的链接通过 QQ、微信等途径分享给其他人，如图 7-31 所示。另外，用户可以给链接设置有效期和密码，单击链接下方的 设置有效期 按钮，系统自动设置链接的有效时间为 5 分钟，用户也可以自行设置有效时间；单击链接下方的 设置密码 按钮，系统自动生成链接的密码，用户也可以自行设置密码。

图7-30　共享脑图

图7-31　复制链接

3．导出脑图

微课视频

导出脑图

除了分享脑图外，用户还可以将制作的脑图导出到本地。百度脑图支持的导出格式包括 Kityminder 格式（.km）、大纲文本（.txt）、Markdown/GFM 格式（.md）、SVG 矢量图（.svg）、PNG 图片（.png）、Freemind 格式（.mm）、XMind 格式（.xmind）。下面将新建的"新媒体运营"脑图导出为 PNG 图片，具体操作如下。

① 进入百度脑图，打开"新媒体运营"脑图，单击界面左上角的 百度脑图▼ 按钮。在打开的界面中单击"另存为"选项卡，然后在界面右侧选择"导出"选项，如图 7-32 所示。

② 打开"导出脑图"对话框，选择"PNG 图片（.png）"选项，如图 7-33 所示。

图7-32　选择"导出"选项　　　　　　　　　图7-33　选择脑图导出格式

❸ 打开"新建下载任务"对话框，在其中设置脑图的保存名称和位置，此处保持默认设置，单击 下载 按钮。

❹ 开始下载图片，图片下载完毕后，在设置好的保存位置可看到导出的脑图。

知识补充

在"新建下载任务"对话框中单击 直接打开 按钮，图片下载后会自动打开，用户可以将其插入 Word 等文件中使用。

任务四　使用创客贴在线制作图片

创客贴是一款极简、好用的平面设计软件，用户通过简单的拖、拉、拽动作就能轻松制作出精美的图片。创客贴可用于制作多种类型的图片，如名片、宣传海报、邀请函、微信公众号封面图、宣传单/册、Banner、网页广告、信息图表等。

任务目标

使用创客贴在线制作图片，包括制作微信公众号封面图、名片等。通过本任务的学习，用户可以掌握使用创客贴在线制作图片的方法。

相关知识

创客贴是一款多平台的极简图形编辑和平面设计工具，包括创客贴网页端、App 端等。其中网页端支持在线设计创作，用户无须下载任何安装包。创客贴提供了营销海报、新媒体配图、印刷物料、视频模板、办公文档、个性定制、社交生活、电商设计、原创插画等设计场景，提供了大量的免费设计模板，用户只需根据实际情况选择模板就可以轻松制作出精美的图片。另外，创客贴可以将用户的设计稿存储在云端，并支持多人协作，用户可以邀请多人共同完成设计。同时，创客贴还支持免费下载和分享设计文件。

启动浏览器，进入创客贴官网，单击右上角的█按钮，可使用微信、QQ、微博、企业微信、钉钉等账号注册并登录网站，其操作界面如图 7-34 所示。

图7-34　创客贴的操作界面

任务实施

1. 制作微信公众号封面图

微信公众号封面图的主要作用是占据视觉空间，使读者的视线快速聚集到图片上，吸引读者查看图片或图片下方的文章标题，从而提高文章的点击率和阅读量。下面使用创客贴制作某企业的微信公众号封面图，具体操作如下。

微课视频
制作微信公众号
封面图

①　进入创客贴官方网站，单击 免费使用 按钮。进入"设计工具"界面，单击"创建设计"选项卡，选择"我的场景"栏下的"公众号封面首图"选项，如图 7-35 所示。

②　进入"模板中心"界面，在其中选择喜欢的模板，此处选择第二行第一个模板，如图 7-36 所示。

③　进入"设计页"界面，选择"秋风发微凉 寒蝉鸣我侧"文本，将其修改为"落叶知秋将美景留在手中"。单击工具栏中的 南构王... 按钮，在打开的下拉列表中选择"庞门正道粗书体"选项，如图 7-37 所示。

④　采用步骤③的方法将"立秋""节气"等文本的字体也修改为"庞门正道粗书体"。

⑤　单击"背景"选项卡，在打开的界面中单击 自定义背景 按钮，如图 7-38 所示。

图7-35 "创建设计"选项卡

图7-36 选择模板

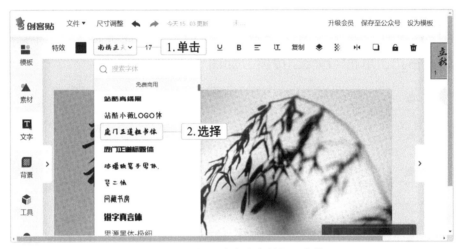

图7-37 修改文本内容并设置字体

图7-38 自定义封面图背景

⑥ 打开"打开"对话框，找到自定义背景图（素材所在位置：素材文件\项目七\任务四\微信公众号背景图.jpg），选择素材图片"微信公众号背景图.jpg"，单击 打开(O) ▼

按钮，如图 7-39 所示。

图7-39　选择背景图

⑦　背景图更换完毕后，单击"上传"选项卡，单击 上传图片 按钮，打开"打开"对话框，找到要上传的图片（素材所在位置：素材文件\项目七\任务四\产品图.jpg），选择素材图片"产品图.jpg"，单击 打开(O) 按钮，如图 7-40 所示。

图7-40　上传产品图

⑧　将上传的产品图拖到封面图中，缩小后放置在左下角，如图 7-41 所示。

图7-41　放置产品图

⑨ 制作完成后，单击右上角的 下载 按钮，打开"下载作品"对话框，选择图片的保存格式，此处选择"JPG"选项，然后单击 下载图片 按钮下载效果图片，打开"新建下载任务"对话框，设置图片的名称和保存位置，单击 下载 按钮即可（效果所在位置：效果文件\项目七\任务四\微信公众号封面图.jpg）。

2．制作名片

名片是标示姓名、所属组织和联系方法的纸片。递送名片是新朋友互相认识，进行自我介绍的一种有效方法。在商务活动中，一张好的名片可以给人留下深刻的印象，甚至可以起到宣传个人或企业的作用。下面通过创客贴来制作名片，具体操作如下。

微课视频
制作名片

① 进入创客贴官方网站，单击 免费使用 按钮。进入"设计工具"界面，单击"创建设计"选项卡，选择"印刷物料"栏下的"名片"选项，如图7-42所示。

图7-42 选择"名片"选项

② 进入"模板中心"界面，在其中选择喜欢的模板，此处单击"最多使用"选项卡，在其中选择第一行第三个模板，如图7-43所示。

图7-43 选择模板

③ 进入"设计页"界面，将模板中的姓名"李尔"修改为"莫×"，字体改为"仿

宋"，如图 7-44 所示。

④ 单击工具栏中的☰按钮，在打开的列表中选择"居中对齐"选项，使文本居中对齐，如图 7-45 所示。

图7-44　修改姓名并设置字体

图7-45　更改文本对齐方式

⑤ 依次修改模板中的职位、电话、邮箱、地址，修改后的效果如图 7-46 所示。

图7-46　修改名片其他内容

⑥ 选择并删除"LOGO"素材，单击"上传"选项卡，单击 上传图片 按钮。打开"打开"对话框，找到要上传的图片（素材所在位置：素材文件\项目七\任务四\公司 LOGO.png），选择素材文件"公司 LOGO.png"，单击 打开(O) 按钮，如图 7-47 所示。

⑦ 将上传的图片拖到名片中，缩小放置在原"LOGO"素材的位置，如图 7-48 所示。

图7-47　上传"公司LOGO.png"

图7-48　放置上传的图片

⑧ 单击"文字"选项卡，在打开的界面中选择"点击添加正文文字"选项，此时增加一个文本框，将文本框移动到 LOGO 的后面，然后双击文本框输入"××出版社"，设置字体为"仿宋"，字号为"12"，对齐方式为"左对齐"，如图 7-49 所示。

图7-49 输入文本并设置

⑨ 单击界面右侧的"2"选项卡，制作名片背面图样。删除"LOGO"素材，将名片正面中的 LOGO 和"××出版社"文本框复制到名片背面，并将其调整到横线上方的合适位置。将"李尔""187-1234-5678"文本框中的文本分别修改为"莫×""188×××1234"，并设置"莫×"文本的字体为"仿宋"。名片背面效果如图 7-50 所示。

图7-50 名片背面效果

⑩ 制作完成后，单击界面右侧"立即印刷"后的下拉按钮，在打开的下拉列表中选择"下载设计"选项，打开"下载设计"对话框，选择图片的保存格式，此处选择"JPG"选项，然后单击 下载图片 按钮下载图片。打开"新建下载任务"对话框，设置图片的名称和保存位置，单击 下载 按钮即可（效果所在位置：效果文件\项目七\任务四\名片正面.jpg、名片背面.jpeg）。

实训一　美化人物图像

微课视频

美化人物图像

【实训要求】

使用美图秀秀处理计算机中保存的人物图像（素材所在位置：素材文件 \ 项目七 \ 实训一 \01.jpg），主要包括调节图像色彩和为图像添加装饰等操作。通过本实训的操作，用户可以进一步巩固美化人物图像的相关方法。

【实训思路】

依次单击"美化图片""贴纸饰品""文字""边框"选项卡，在相应的界面中处理人物图像。本实训处理前后的效果对比如图 7-51 所示。

图7-51　人物美化效果对比

【步骤提示】

❶ 启动美图秀秀，打开需要处理的照片，单击"美化图片"选项卡，在其中调整"对比度""色彩饱和度""清晰度"等参数的值。

❷ 裁剪图片，裁去图像上方和右侧的多余部分。

❸ 单击"贴纸饰品"选项卡，在图片上方添加饰品；单击"文字"选项卡，在图片左下方添加文字装饰；单击"边框"选项卡，为照片添加边框。

❹ 保存当前效果（效果所在位置：效果文件 \ 项目七 \ 实训一 \01.jpg）。

实训二　制作思维导图

微课视频

制作思维导图

【实训要求】

使用百度脑图制作鱼骨头图样式的思维导图。通过本实训的操作，用户可进一步巩固使用百度脑图制作思维导图的基本方法。

【实训思路】

先确定脑图的外观，再补充各个主题的文字，最后为最后一级主题设置序号。

【步骤提示】

1 进入百度脑图，开始新建脑图，单击"外观"选项卡，选择"鱼骨头图"选项。

2 单击"思路"选项卡，在主题框中输入"员工士气低"，依次单击 插入下级主题 按钮插入下一级主题并输入相应文本内容。

3 输入全部文本后，依次选择最后一级主题框，单击"思路"选项卡下的数字序号为其插入数字。

课后练习

练习1：使用美图秀秀美化人物图片

使用美图秀秀美化人物图片，图片自选，进行皮肤调整和头部调整等美化操作，操作过程如下。

- 打开图片后，调整其亮度和对比度。
- 单击"人像美容"选项卡，选择"肤色"美容方式，在其中对肤色进行调整。
- 选择"祛痘祛斑"选项，在人物面部有痘斑处单击即可祛痘祛斑，完成后保存图片。

练习2：使用百度脑图制作思维导图

使用百度脑图制作一张目录结构式的思维导图，主题自定，操作过程如下。

- 进入百度脑图开始新建脑图，单击"外观"选项卡，选择"目录结构图"选项。
- 单击"思路"选项卡输入文本内容，并在最后一级主题框中插入数字序号和备注。
- 单击"外观"选项卡，将脑图的颜色设置为"脑图经典"。
- 制作完毕后，将脑图导出为一张PNG图片。

练习3：使用创客贴制作营销海报

假设你是汽车公司的一名营销人员，七夕节临近，需要使用创客贴制作一张营销海报，试着利用创客贴中的模板进行制作。

技能提升

1. 制作九格切图效果

九格切图是指将一张图片平均切割为9格，并仍维持其完整性。利用美图秀秀可制作九格切图效果，具体操作如图7-52所示。

图7-52　制作九格切图

❶ 在美图秀秀操作界面单击"更多功能"选项卡，在打开的列表中选择"九格切图"选项，在打开的对话框中可看到图片被切成9格（素材所在位置：素材文件 \ 项目七 \ 技能提升 \ 蛋糕 .jpg），然后在左侧面板中设置切图的形状和特效，此处"形状"为第一行第二个，"特效"为"致青春"。

❷ 单击 保存到本地 按钮，在打开的对话框中选中"保存单张大图"单选项。

❸ 打开"图片另存为"对话框，设置图片的名称和保存位置，单击 保存(S) 按钮即可（效果所在位置：效果文件 \ 项目七 \ 技能提升 \ 蛋糕 .jpg）。

2. 其他图像处理工具

除了前面介绍的图像处理工具外，光影魔术手也是一款非常好用的图像处理工具软件，其能改善图像质量和处理图像效果，满足大多数图像的后期处理要求。其特色功能如下。

- **强大的调图参数**。它拥有自动曝光、数码补光、白平衡、亮度对比度、饱和度、色阶、曲线、色彩平衡等一系列非常丰富的调图参数。
- **数码暗房特效**。它拥有丰富的数码暗房特效，如LOMO风格、局部上色、背景虚化、黑白效果、褪色旧相等，还可以通过反转片效果得到专业的胶片效果。
- **随心所欲地拼图**。它拥有自由拼图、模板拼图、图片拼接三大拼图功能，还提供了多种拼图模板和照片边框。
- **文字和水印功能**。它可以制作出具有发光、描边、阴影、背景等效果的文字和水印。

项目八

音/视频编辑工具

08

情景导入

米拉：老洪，我最近看了一个音乐类综艺节目，想自己制作一个音乐作品，有什么软件可以用来处理音频文件呢？

老洪：完全可以啊，GoldWave就可以处理音频文件。如果你对短视频感兴趣，还可以用抖音拍摄和制作短视频。

米拉：那太好了！我刚好养了一只猫，正想给它录制可爱又搞笑的短视频呢。对了，有什么软件可以剪辑视频吗？我还有好多以前跟朋友一起出去玩时拍的视频，周末正好有空，可以剪辑它们。

老洪：爱剪辑就很好用，还可以添加音效、字幕，轻轻松松就能做出有电影效果的短视频。

米拉：可是我不会用啊，你教教我呗！

老洪：没问题，我待会儿带你剪辑一个视频，你可以边看边学。

学习目标

◎ 掌握使用GoldWave编辑音频文件的方法
◎ 掌握使用抖音拍摄和制作短视频的方法
◎ 掌握使用爱剪辑剪辑视频的方法

技能目标

◎ 能使用GoldWave剪裁音频文件
◎ 能使用抖音拍摄和制作短视频
◎ 能使用爱剪辑快速剪辑视频、添加音频和字幕

任务一　使用 GoldWave 编辑音频

GoldWave 是一款音频编辑工具软件，具有音频编辑、播放、录制和转换等功能，可以打开多种格式的音频文件，还可以添加丰富的音频特效，提升音质效果，满足不同的需求。

任务目标

使用 GoldWave 录制一个音频文件，然后进行打开、新建和保存音频文件，剪裁音频文件，降噪和添加音效，合并音频文件等操作。通过本任务的学习，用户可以掌握使用 GoldWave 编辑音频的基本操作。

相关知识

GoldWave 支持多种格式的音频文件，包括 WAV、OGG、VOC、IFF、AIFF、AIFC、AU、SND、MP3、MAT、DWD、SMP、VOX、SDS、AVI、MOV、APE 等。启动 GoldWave，操作界面如图 8-1 所示，主要由菜单栏、音效栏、控制器面板、编辑显示窗口和状态栏等部分组成，各部分的作用与一般软件的操作界面的各部分的作用相似，这里不再详细介绍。

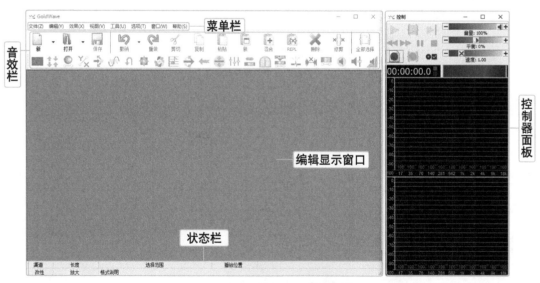

图 8-1　Gold Wave 的操作界面

如果是第一次启动 GoldWave，操作界面会自动打开控制器面板，该面板被关闭后将以播放控制器栏的形式显示在音效栏下方，选择【工具】/【控制器】菜单命令，可切换显示两者。

任务实施

1. 打开、新建和保存音频文件

微课视频

打开、新建和保存音频文件是使用 GoldWave 经常进行的操作。下面启动 GoldWave，打开计算机中的音频文件素材（素材所在位置：素材文件 \ 项目 八 \ 任务一 \ 01.mp3），然后录制一个音频文件，并保存为"录音 .wav"，具体操作如下。

打开、新建和保存音频文件

❶ 启动 GoldWave，进入操作界面，选择【文件】/【打开】菜单命令，打开"打开声音"对话框，选择计算机中的任意音频文件，此处选择"01.mp3"音频文件，单击 打开(O) 按钮。

❷ 打开音频文件，如图 8-2 所示，单击控制器栏中的▶按钮或按【F6】键可播放音频，单击⏸按钮即暂停播放。

❸ 选择【文件】/【新建】菜单命令或单击"新"按钮⬜，打开"新声音"对话框，根据需要自行设置新声音的质量和持续时间。此处在"预设"的下拉列表中选择"CD 质量，5 分钟"选项，单击 OK 按钮，如图 8-3 所示。软件将生成一个空的音频文件，如图 8-4 所示。

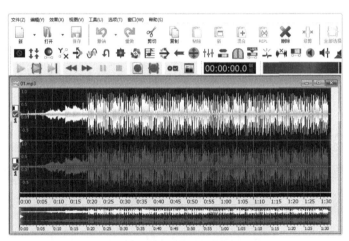

图8-2 打开音频文件

图8-3 设置参数

❹ 确认计算机已与麦克风连接，然后单击控制器栏中的"在当前选择中开始录制"按钮⏺开始录制声音，此时编辑显示窗口中会显示一些波形，表示录制成功。

❺ 录制结束后，单击控制器栏中的"结束录制"按钮⏹，然后选择【文件】/【保存】菜单命令或单击工具栏中的"保存"按钮💾。

❻ 打开"保存声音为"对话框，选择音频文件的保存位置，将音频文件名称设置为"录音"，在"保存类型"下拉列表中选择"波（*.wav）"选项，单击 保存(S) 按钮，如图 8-5 所示（效果所在位置：效果文件 \ 项目八 \ 任务一 \ 录音 .wav）。

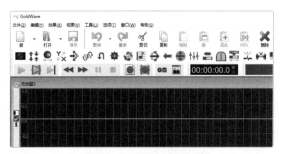

图8-4　新建音频文件　　　　　图8-5　保存音频文件

2．剪裁音频文件

微课视频

剪裁音频文件

音频文件录制好后，用户可根据需要对其进行剪裁处理，用该方法也可以提取已有音频文件中的部分音频。下面对录制的音频文件"录音.wav"进行剪裁处理，具体操作如下。

❶ 将鼠标指针移动到编辑显示窗口的左侧边缘，当鼠标指针变为 形状时，按住鼠标左键不放向右侧拖动，选取需要保留的音频部分，选取的音频波形将以蓝底状态高亮显示，未选取部分将以黑底状态显示，如图8-6所示。

❷ 单击控制器栏中的 按钮，只播放选取部分的音频，通过该过程可以确认要保留的音频部分是否合适，若不合适可重新选取。

❸ 确认需要保留的音频部分后，单击工具栏中的"修剪"按钮 ，剪裁掉处于黑底状态的部分，只保留选取部分，如图8-7所示［效果所在位置：效果文件\项目八\任务一\录音（剪裁后）.wav］。

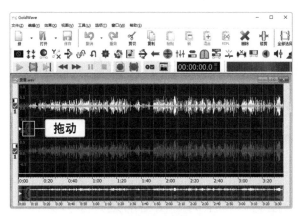
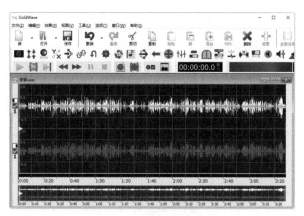

图8-6　选择要保留的音频　　　　　图8-7　保留部分音频

3．降噪和添加音效

微课视频

降噪和添加音效

GoldWave可以处理音频文件中的声音效果，如录制的音频有比较大的噪声时，可以利用GoldWave的降噪功能对其进行处理，并且可对处理后的音频添加回声等音效。下面对录制的"录音.wav"音频进行降噪和添加音效处理，具体操作如下。

①　选择全部音频，再选择【效果】/【过滤】/【降噪】菜单命令。

②　打开"降噪"对话框，在"预设"下拉列表中选择"初始噪音"选项，可有效降低噪声，单击右侧的 ▶ 按钮试听效果，然后单击 OK 按钮使设置生效，如图 8-8 所示。

③　选择最后一小段音频，选择【效果】/【回声】菜单命令。

④　打开"回声"对话框，分别调整"回声""延迟""音量""反馈"等参数的值，设置回声的效果；也可以直接在"预设"下拉列表中选择 GoldWave 预置的常见回声效果，此处选择"混响"选项，如图 8-9 所示。

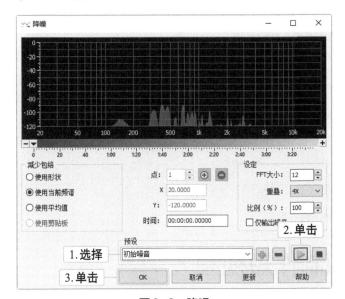

图8-8　降噪

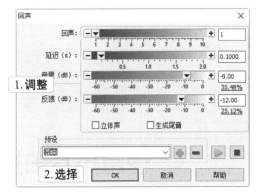

图8-9　设置回声的效果

⑤　单击右侧的 ▶ 按钮试听效果，满意后单击 OK 按钮使设置生效，最后保存音频文件［效果所在位置：效果文件\项目八\任务一\录音（最终）.wav］。

4．合并音频文件

合并音频文件是指将多个音频文件合并成一个音频文件，并保存成新的音频文件。下面将计算机中的"01.mp3""02.mp3"（素材所在位置：素材文件\项目八\任务一\01.mp3、02.mp3）两个音频文件合并，具体操作如下。

微课视频

合并音频文件

①　选择【工具】/【文件合并】菜单命令，打开"文件合并"对话框，单击 添加文件... 按钮。

②　打开"添加文件"对话框，选择需要合并的音频文件"01.mp3""02.mp3"，然后单击 加 按钮，如图 8-10 所示。

③　返回"文件合并"对话框，根据需要调整合并的顺序，此处保持默认设置，然后单击 合并... 按钮，如图 8-11 所示。

④　打开"保存声音为"对话框，设置合并后的音频文件的保存位置、类型、文件名，

单击 保存(S) 按钮，合并保存音频文件，完成后可打开音频文件查看合并后的效果（效果所在位置：效果文件\项目八\任务一\合并的音乐.wav）。

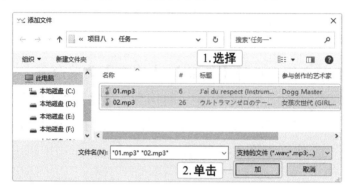

图8-10 选择需要合并的音频

图8-11 合并音频

任务二 使用抖音拍摄和制作短视频

抖音是当前主流的短视频社交软件之一，不仅为普通用户提供了展示自我个性、向外发声的平台，也为主流媒体提供了新的信息传播出口，扩展了媒体传播新路径，深化了新媒体与传统媒体之间的融合发展，进一步推动了全媒体传播体系的建设。

任务目标

使用抖音拍摄和制作短视频，包括快速拍摄短视频、分段拍摄短视频、制作"影集"短视频等操作。通过本任务的学习，用户可以掌握使用抖音拍摄和制作短视频的方法。

相关知识

抖音是一个帮助用户表达自我，记录美好生活的短视频软件。用户可以在抖音中选择喜欢的背景音乐，拍摄短视频并将其上传到抖音平台，分享生活点滴，还可以浏览短视频，了解各种奇闻趣事，同时在平台中还可以认识更多朋友。用户安装并打开抖音后，不用登录也可以浏览短视频，但要想使用抖音拍摄和制作短视频，就必须使用手机号码、QQ账号、微信账号、微博账号等登录。

任务实施

1. 快速拍摄短视频

用户登录抖音后就可以开始拍摄短视频了。下面使用抖音拍摄多肉植物，具体操作如下。

微课视频

快速拍摄短视频

① 打开抖音，登录抖音账号，进入抖音首页，点击屏幕中心的 ⊕ 按钮，如图 8-12 所示。

② 进入拍摄界面，根据拍摄需要，点击"翻转"按钮 ◙，使用后置摄像头拍摄。点击"滤镜"按钮 ❀，在打开的界面中为短视频添加滤镜，此处选择"风景"下的"仲夏"滤镜，如图 8-13 所示。

③ 进入拍摄界面，点击屏幕左下方的"道具"按钮，在打开的界面中为短视频添加道具，此处选择"场景"下的"夏至"道具选项，如图 8-14 所示。

图8-12　进入抖音首页

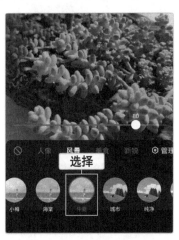

图8-13　添加滤镜

图8-14　添加道具

④ 点击 ♫选择音乐 按钮，进入"选择音乐"界面，为短视频添加背景音乐。此处在界面上方的搜索栏中输入文本"夏天"，然后在搜索结果中选择第一首歌曲，点击 使用 按钮，将其应用于短视频中，如图 8-15 所示。

⑤ 点击屏幕下方的圆形按钮图标开始拍摄一段 15 秒的短视频，如图 8-16 所示。拍摄时点击屏幕中心的"停止"按钮图标就可以停止拍摄。

⑥ 拍摄完毕后，点击画面右上角的"特效"按钮 ◔，为短视频设置特效，如图 8-17 所示。

⑦ 在打开的界面下方点击 转场 按钮，选择"模糊变清晰"选项，为短视频开头添加由模糊变清晰的特效，如图 8-18 所示。

⑧ 点击 自然 按钮，拖动进度条至"由模糊变清晰"特效应用范围之后，然后按住"星星"选项，进度条将自动向后滑动，待进度条滑动至合适位置后松开，为短视频添加"星星"特效，如图 8-19 所示。

⑨　点击 分屏 按钮，使用相同的方法为短视频添加"四屏"特效，如图 8-20 所示。特效设置完毕后，点击右上角的 保存 按钮。

⑩　点击 下一步 按钮，打开短视频的"发布"界面，在文本框中输入短视频的标题并使用合适的话题，然后点击 ↑发布 按钮。

图 8-15　添加音乐

图 8-16　开始拍摄

图 8-17　点击"特效"按钮

图 8-18　添加"转场"特效

图 8-19　添加"星星"特效

图 8-20　添加"四屏"特效

2．分段拍摄短视频

一般来说，简单的短视频可一镜拍摄完成，但是要制作比较复杂的、场景比较多的短视频，就需要从不同的机位、不同的视角来拍摄。抖音的分段拍摄功能可以帮助用户拍摄和制作出比较酷炫的短视频，如"一秒换装"等。下面分段拍摄"快速整理桌面"主题短视频，具体操作如下。

1 进入抖音，点击屏幕中心的 ⊞ 按钮，进入拍摄界面，点击界面下方的 分段拍 按钮，如图 8-21 所示。

2 根据实际需要选择拍摄速度，此处选择"标准"选项，调整好拍摄角度，点击屏幕中心的圆形按钮图标开始拍摄第一段短视频，呈现桌面整理前的杂乱情况。拍摄界面上方会显示拍摄进度，如图 8-22 所示。拍摄完成后，点击屏幕中心的正方形按钮图标。

3 点击屏幕中心的圆形按钮图标开始拍摄第二段短视频，呈现桌面整理后的整洁状况，如图 8-23 所示。

图8-21 开始分段拍　　　图8-22 拍摄第一段短视频　　　图8-23 拍摄第二段短视频

4 拍摄完毕后，点击 选择音乐 按钮为短视频添加背景音乐。此处在打开的界面中选择"推荐"下的歌曲"慢慢来吧"选项，将其应用于短视频中，如图 8-24 所示。

5 点击"滤镜"按钮图标，为短视频添加滤镜。此处选择"风景"下的"纯净"滤镜，如图 8-25 所示。

6 点击画面右上角的"特效"按钮 ，为短视频添加特效。在打开的界面下方点击 转场 按钮，将进度条拖动到两段短视频的衔接处，然后按住"倒计时"选项对衔接处应用特效，如图 8-26 所示。特效设置完毕后，点击右上角的 保存 按钮。

⑦ 点击 下一步 按钮，打开短视频的"发布"界面，在文本框中输入短视频的标题并使用合适的话题，然后点击 ↑ 发布 按钮。

图8-24　添加音乐

图8-25　添加滤镜

图8-26　添加特效

知识补充

如果音乐与所拍摄的短视频衔接得不是很好，用户可以点击 ✂ 按钮，在打开的界面中左右拖动剪取音乐，使音乐和各段短视频衔接得当。另外，用户也可以在拍摄前选择好音乐，然后在拍摄时计算好每段短视频的拍摄时间，使音乐和短视频相协调。

3. 制作"影集"短视频

微课视频

制作"影集"短视频

除了拍摄各种短视频外，用户还可以使用抖音将手机中拍摄好的照片制作成短视频。下面制作"影集"短视频，具体操作如下。

① 进入抖音，点击屏幕中心的 ⊞ 按钮，进入拍摄界面。点击界面下方的 影集 按钮，选择要制作的影集效果，此处选择"浮动照片墙"选项，然后点击 使用 按钮，如图8-27所示。

② 打开手机相册，在其中选择照片，选好后点击 确定(4) 按钮，如图8-28所示。

③ 软件开始合成制作，制作好后，抖音会自动播放制作好的"影集"短视频。在界面中点击 下一步 按钮，打开短视频的"发布"界面。在"发布"界面的文本框中添加话题输入短视频的标题"#你啊你啊婚礼花絮"，然后点击 ↑ 发布 按钮即可，如图8-29所示。

一个漂亮、吸引人的封面可以让更多人查看、喜欢短视频，用户可以在"发布"界面中为短视频选择封面。具体操作为：在"发布"界面中点击短视频标题右侧的"选封面"按钮，在打开的界面中可以将短视频的某一幅画面设置为封面，并可以为封面添加文字。

知识补充

图8-27 制作"影集"短视频

图8-28 选择照片

图8-29 设置标题

在抖音的"发布"界面中，用户可以发布自己的定位，这样可以增加附近的人查看短视频的概率。除此之外，点击"谁可以看"选项，可以在打开的界面中设置短视频的查看权限，包括"公开""好友可见""私密"3个选项。

知识补充

任务三 使用爱剪辑剪辑视频

爱剪辑是一款免费的视频剪辑软件，其根据用户的使用习惯、功能需求与审美特点进行了全新设计，许多创新功能都颇具独特性。

 **任务目标**

　　使用爱剪辑剪辑视频，包括快速剪辑视频、添加音频、添加字幕并应用字幕特效等操作。通过本任务的学习，用户可以掌握使用爱剪辑剪辑视频的基本操作。

 **相关知识**

　　爱剪辑是国内比较全能的视频剪辑软件，由爱剪辑团队依托自身多年的多媒体研发经验，研发而成。其不仅支持为视频加字幕、调色、加相框等操作，而且具有诸多创新功能和影院级特效。在计算机上下载安装爱剪辑并注册登录后，进入其操作界面，如图8-30所示。

图8-30　爱剪辑的操作界面

 任务实施

1．快速剪辑视频

　　作为一款革旧鼎新的视频剪辑软件，爱剪辑凭借其人性化界面使用户能够对视频剪辑快速上手。下面使用爱剪辑快速剪辑视频，具体操作如下。

　　❶ 启动爱剪辑，打开视频文件所在文件夹（素材所在位置：素材文件\项目八\任务三\春天唯美视频.mov），将视频文件拖曳到爱剪辑的"视频"选项卡下方（或单击 添加视频 按钮），如图8-31所示。

微课视频

快速剪辑视频

图8-31 拖曳视频文件

② 在打开的界面中单击 确 定 按钮，在"视频"选项卡中可看到添加的视频，如图 8-32 所示。

图8-32 成功添加视频

③ 单击视频预览框时间进度条上的 按钮，打开"时间轴"面板。在要分割画面的附近单击，再按【↑】和【↓】键逐帧选取要分割的画面，然后单击界面底部的 按钮剪辑视频片段，将视频分割成两段，如图 8-33 所示。

知识补充

按【Ctrl+E】组合键可以快速打开"时间轴"面板；按【Ctrl+Q】组合键可以快速剪辑视频，实现与单击 按钮同样的功能；按【+】键可以放大时间轴，按【－】键可以缩小时间轴。

图8-33　将视频分割成两段

④ 按照步骤③的方法将视频分割成多段，如图 8-34 所示。

图8-34　将视频分割成多段

⑤ 在"已添加片段"列表中单击要删除片段的缩略图，再单击列表上方的 🗑 删除 按钮将其删除，此处删除第七段。

⑥ 视频剪辑完毕后，单击视频预览框下方的 ➡导出视频 按钮，打开"导出设置"对话框，保持默认设置，连续单击 下一步 按钮，如图 8-35 所示。

⑦ 进入"画质设置"选项卡页面，单击"导出尺寸"栏后的下拉按钮▼，在打开的下拉列表中选择"1280 * 720（720P）"选项，单击"导出路径"栏右侧的 浏览 按钮，如图 8-36 所示。

⑧ 打开"请选择视频的保存路径"对话框，选择导出视频的保存位置，在"文件名"文本框中输入导出视频的名称，最后单击 保存(S) 按钮，如图 8-37 所示。

⑨ 设置完毕后，单击 ▢导出视频 按钮导出视频（效果所在位置：效果文件\项目八\任务三\春天唯美视频.mp4）。

图8-35　导出视频

图8-36　设置视频导出尺寸

图8-37　设置导出视频的文件名称和保存位置

2. 添加音频

音乐可以说是很多视频必不可少的部分，能有效烘托视频的氛围。下面为剪辑好的视频添加音频，具体操作如下。

添加音频

① 启动爱剪辑，将剪辑好的"春天唯美视频.mp4"视频文件拖曳到爱剪辑"视频"选项卡中。

② 单击"音频"选项卡，再单击 ▢添加音频 按钮，在打开的下拉列表中选择"添加音效"或"添加背景音乐"选项。此处选择"添加背景音乐"选项，打开"请选择一个背景音乐"对话框，选择要添加的音频，单击 打开(0) 按钮（素材所在位置：素材文件\项目八\任务

三＼纯音乐 .mp3），如图 8-38 所示。

图8-38　添加背景音乐

③ 打开"预览／截取"对话框，在其中可以截取音频片段，让音频与视频更加契合，此处保持默认设置，单击 确定 按钮，如图 8-39 所示。

图8-39　"预览／截取"对话框

④ 添加音频完毕后，音频列表中会显示添加的音频。用户可通过音频列表右侧的选项调整音频，包括设置音频在影片中的开始时间、音频音量等。由于此处音频的时间长度大于视频时间长度，故将音频的结束时间修改为"00:01:04:000"，然后单击 确认修改 按钮确认，如图 8-40 所示。

⑤ 背景音乐添加完毕后，单击 导出视频 按钮导出视频即可 [效果所在位置 : 效果文件＼项目八＼任务三＼春天唯美视频（添加背景音乐后）.mp4]。

要想让背景音乐与视频更加契合，或者需要为不同场景的视频添加不同的背景音乐，用户可以单击视频预览框时间进度条上的 按钮（或按【Ctrl+E】组合键）打开"时间轴"面板，在面板中根据音频波形逐帧剪辑。

知识补充

图8-40　修改音频结束时间

3. 添加字幕并应用字幕特效

剪辑视频时，可能需要为视频添加字幕，使视频的情感表达或叙述更直接。爱剪辑提供了很多常见的字幕特效，还有沙砾飞舞、火焰喷射、缤纷秋叶、水珠撞击、气泡飘过、墨迹扩散、风中音符等颇具特色的高级特效。下面对刚添加了背景音乐的视频添加字幕并应用字幕特效，具体操作如下。

微课视频

添加字幕并应用
字幕特效

① 启动爱剪辑，将剪辑好的"春天唯美视频（添加背景音乐后）.mp4"视频文件拖曳到爱剪辑"视频"选项卡中。

② 单击"字幕特效"选项卡，在位于操作界面右上角、视频预览框时间进度条上单击，将时间进度条定位到要添加字幕特效处，然后在要添加字幕特效的位置双击视频预览框。

③ 打开"输入文字"对话框，在文本框中输入文本，此处输入"昨日雪如花，今日花如雪"文本，单击"顺便配上音效"栏下方的 浏览 按钮还可以为字幕特效配上音效，然后单击 确定 按钮，如图 8-41 所示。

④ 添加字幕完毕后，选中"字体设置"选项卡中的"竖排"单选项将文本竖排，单击"单色"后的下拉按钮 ，在打开的下拉列表中选择"紫色"选项，如图 8-42 所示。

图8-41　添加字幕

图8-42　设置字体

⑤ 选中"出现特效"选项卡中的"打字效果"单选项。单击"特效参数"选项卡，然后选中"出现时的字幕"栏下的"逐字出现"复选框，为字幕添加出现特效，如图 8-43 所示。

图8-43　为字幕添加出现特效

⑥ 单击"停留特效"选项卡，选中"文字边缘发光"栏下的"文字边缘发光（白光）"单选项。单击"特效参数"选项卡，然后将"停留时的字幕"栏下的"特效时长"修改为"1.00"秒，为字幕添加停留特效，如图 8-44 所示。

图8-44　为字幕添加停留特效

⑦ 单击"消失特效"选项卡，选中"常用特效类"栏下的"向左动感消失"单选项。单击"特效参数"选项卡，然后将"消失时的字幕"栏下的"特效时长"修改为"1.00"秒，为字幕添加消失特效，如图 8-45 所示。

⑧ 字幕特效设置完毕后，单击 导出视频 按钮导出视频即可 [效果所在位置：效果文件 \ 项目八 \ 任务三 \ 春天唯美视频（添加字幕后）.mp4]。

图8-45　为字幕添加消失特效

知识补充

　　如果想要修改字幕的出现时间，可以按【Ctrl+X】组合键剪切字幕，然后在位于操作界面右上方、视频预览框下方的时间进度条上定位正确的时间点，按【Ctrl+V】组合键将字幕粘贴到新的时间点处。另外，若想保持各个不同时间段的字幕的设置一致，如位置、字体、大小、阴影、描边等，只需复制第一个设置好的字幕，在另一个字幕的出现时间点粘贴字幕，然后双击该时间点处，在打开的"输入文字"对话框中输入新的内容即可。

实训一　拍摄、制作和发布短视频

【实训要求】

　　使用抖音拍摄、制作并发布短视频，主要包括添加音乐、滤镜、特效等操作。通过本实训的操作，用户可以进一步练习使用抖音拍摄、制作并发布短视频的方法。

微课视频

拍摄、制作并发布短视频

【实训思路】

　　打开抖音后，先为短视频添加音乐和滤镜并开始拍摄，拍摄后为短视频添加特效，最后发布短视频，其操作思路如图 8-46 所示。

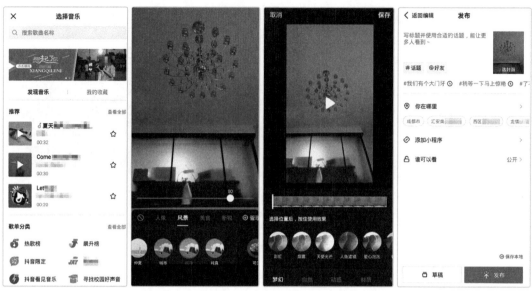

图8-46　拍摄、制作并发布短视频的操作思路

【步骤提示】

❶ 启动抖音，点击 选择音乐 按钮，进入"选择音乐"界面，为短视频添加音乐。

❷ 点击"滤镜"按钮 为短视频添加滤镜。

❸ 点击屏幕下方的圆形按钮图标开始拍摄短视频。

❹ 拍摄完毕，点击画面右上角的"特效"按钮 ，为短视频添加特效。

❺ 制作完毕后，点击 下一步 按钮，进入短视频的"发布"界面，在文本框中输入短视频的标题并使用合适的话题，点击 发布 按钮发布短视频。

实训二　使用爱剪辑剪辑"阳光"视频

微课视频
使用爱剪辑剪辑
视频

【实训要求】

使用爱剪辑剪辑计算机中的素材视频（素材所在位置：素材文件\项目八\实训二\阳光.mov）。通过本实训的操作，用户可以进一步巩固使用爱剪辑剪辑视频的基本方法。

【实训思路】

启动爱剪辑后，先将素材视频添加到"视频"选项卡中，然后剪除视频多余的部分，再为视频添加背景音乐、字幕等，最后将视频导出，其操作思路如图8-47所示。

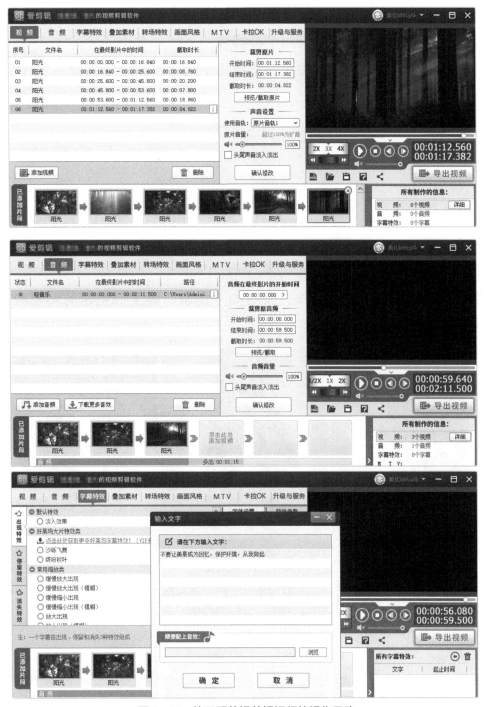

图8-47 使用爱剪辑剪辑视频的操作思路

【步骤提示】

❶ 启动爱剪辑，单击"视频"选项卡下方的 添加视频 按钮导入视频素材。

❷ 通过"时间轴"面板将视频剪辑成多个片段，然后删除多余的部分。

❸ 单击"音频"选项卡，再单击 添加音频 按钮为视频添加背景音乐（素材所在位置：素材文件\项目八\实训二\轻音乐.mp3）。

④ 单击"字幕特效"选项卡，在右侧视频预览框的时间进度条上定位要添加字幕特效的时间点，为视频添加字幕并应用字幕特效。

⑤ 设置完毕后，单击 [📽 导出视频] 按钮导出视频（效果所在位置：效果文件\项目八\实训二\保护环境，从我做起.mp4）。

课后练习

练习1：录制音频

使用 GoldWave 录制一段音频文件，然后根据实际情况对音频文件进行裁剪，最后降低噪声并添加音效。

练习2：使用抖音拍摄、制作并发布短视频

使用抖音分段拍摄短视频，制作并发布如"变装"等类似主题的短视频，其参考效果如图 8-48 所示。

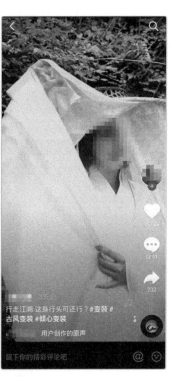

图8-48 "变装"短视频

练习3：使用爱剪辑剪辑"视频"

将自己拍摄的视频添加到爱剪辑中，删除不需要的片段，然后添加音效、字幕、特效等，最后导出视频，操作过程如下。

● 启动爱剪辑，将视频拖曳到"视频"选项卡中。

● 将视频分割为多个片段，删除不需要的片段。

● 为视频添加音效。

- 为视频添加字幕，并应用字幕特效。
- 剪辑完毕后，导出视频。

1. 其他音频处理工具

除了 GoldWave 外，Adobe Audition 也是一款功能非常完善的音频处理工具，其原名为 Cool Edit Pro，被 Adobe 公司收购后，改名为 Adobe Audition。Adobe Audition 提供了音频混合、编辑、控制和效果处理等功能，专业性较强，但使用难度较 GoldWave 而言更大。

2. 其他短视频软件

快手、西瓜视频、抖音火山版也是近年来比较热门的短视频软件。快手是北京快手科技有限公司开发的一款短视频软件，前身为 GIF 快手。西瓜视频是字节跳动旗下的独立短视频软件，包括音乐、影视、娱乐、农人、游戏、美食、儿童、宠物、体育、文化、时尚、科技等分类。抖音火山版原名火山小视频，是今日头条旗下、内嵌于今日头条的短视频软件，2020 年 1 月更名为抖音火山版，并启用全新图标。除抖音、快手、西瓜视频、抖音火山版之外，微信也推出了视频号板块。相比其他短视频软件而言，微信视频号的使用更为便利。用户不需要再打开另一个软件，可以直接使用微信来观看和拍摄短视频。图 8-49 所示为微信视频号界面。

图 8-49　微信视频号界面

3. 使用爱剪辑为视频添加转场特效

恰到好处的转场特效能够使不同场景之间的视频片段过渡得更加自然，并能得到一些特殊的视觉效果。爱剪辑提供了数百种转场特效，能够使创意更加自由和简单地发挥。一般来说，如果需要在两个视频片段之间添加转场特效，只需要为位于后位的视频片段应用转场特效。使用爱剪辑为视频添加转场特效的操作方法如下。

❶ 启动爱剪辑，单击 ▦添加视频 按钮将素材视频添加到"视频"选项卡中，如图 8-50 所示（素材所在位置：素材文件\项目八\技能提升\蓝天白云.mov、瀑布.mov）。

❷ 在"已添加片段"选项卡中选择要应用转场特效的视频片段，单击"转场特效"选项卡，在转场特效列表中选择需要应用的转场特效选项，此处选择"3D或专业效果类"栏下的"震撼散射特效I"选项，再单击 应用/修改 按钮，如图 8-51 所示。

❸ 设置完毕后，单击 ▦导出视频 按钮导出视频（效果所在位置：效果文件\项目八\技能提升\自然风光.mp4）。

图8-50　添加素材视频

图8-51　应用特效

项目九

自媒体处理工具

09

情景导入

米拉：老洪，我昨天看了一篇微信公众号推送的文章，里面提到了很多自媒体处理工具，如草料二维码、135编辑器、凡科互动等。自媒体是什么？这些工具都是用来处理什么的呢？

老洪：自媒体实际上是指普通大众以现代化、电子化的手段，向不特定的大多数人或者特定的单个人传递规范性及非规范性信息的新媒体形式。顾名思义，自媒体处理工具是自媒体人的运营工具。其中，草料二维码是用来生成二维码的，135编辑器主要用于排版微信公众号文章，凡科互动是用来创建营销活动的。

米拉：听起来太有意思了！老洪，你能教我使用这些工具吗？

老洪：没问题！

学习目标

- 掌握使用草料二维码生成二维码的方法
- 掌握使用135编辑器排版微信公众号文章的方法
- 掌握使用凡科互动创建营销活动的方法

技能目标

- 能使用草料二维码生成二维码
- 能使用135编辑器排版微信公众号文章
- 能使用凡科互动创建营销活动

任务一　使用草料二维码生成二维码

草料二维码是国内专业的二维码服务提供商，不仅提供二维码生成、美化、印制、管理、统计等服务，还能够帮助企业通过二维码展示信息并采集线下数据，提高营销和管理效率。

 **任务目标**

使用草料二维码生成二维码，主要练习快速创建二维码、美化二维码、使用表单功能等操作。通过本任务的学习，用户可以掌握使用草料二维码生成二维码的基本操作。

相关知识

二维码又称二维条形码，用户用设备扫描二维码后可获取其中包含的信息。草料二维码实际是一个二维码在线服务网站，帮助用户在不同行业、不同场景下，通过二维码降低信息沟通成本。草料二维码可以实现在二维码中自由添加内容，如文本、音频、视频、网址、名片等，制作出来的二维码通常用于展示商品详情、使用说明书、多媒体图书等，同时草料二维码可实时统计扫描量。启动浏览器，进入草料二维码官网，注册登录后即可开始使用草料二维码，用户生成的二维码将保存在其账号后台。图9-1所示为草料二维码的首页。

图9-1　草料二维码的首页

 **任务实施**

1. 快速创建二维码

采用活码技术创建的二维码包含丰富的内容元素。下面使用草料二维

快速创建二维码

码快速创建二维码，具体操作如下。

1 启动浏览器，进入草料二维码官网并登录。

2 单击首页右侧的 +新建活码 按钮，进入"模板库"界面。用户可以在此界面中选择合适的模板，然后在模板的基础上根据实际情况修改内容。此处新建一个空白模板，选择"推荐"栏下的"从空白新建"选项，如图 9-2 所示。

图9-2　新建空白模板

3 进入内容编辑页面，开始编辑二维码内容。首先输入标题，此处输入"爱护环境，人人有责"。标题下方为重点内容区，可以添加图片、文件、音频、视频等。

4 开始编辑正文内容。单击"样式库"按钮 🎨，在打开的界面中选中"免费样式"复选框，选择"标题"选项卡下的第四个选项，然后将"会议议程"文本修改为"气候变暖的危害"，如图 9-3 所示。

图9-3　选择标题样式并应用

5 在标题下方输入文本，如图 9-4 所示。

图9-4   输入文本

⑥ 在文本下方插入图片。在正文编辑区域上方的工具栏中单击"图片"按钮，打开"打开"对话框。在打开的"打开"对话框中找到要插入的图片素材（素材所在位置：素材文件\项目九\任务一\全球变暖.jpg），单击 打开(O) 按钮；打开"图片设置"对话框，设置插入的图片样式等，此处保持默认设置，单击 确认 按钮，如图9-5所示。

图9-5   插入图片

⑦ 选择"标题"选项卡下的第四个选项，将"会议议程"文本修改为"阻止气候变暖的措施"，然后在该标题下方输入文本，如图9-6所示。

图9-6   输入文本

草料二维码的内容编辑页面中包含了多种内容元素，除了图片外，用户还可以插入文件、音频、视频、表格、联系方式、企业卡片等；另外，用户还可以在样式库中选择正文、表格、分割线的样式，让二维码的内容更加美观。

知识补充

⑧ 二维码内容输入完毕后，单击 生成二维码 按钮生成二维码，单击 保存内容 按钮保存二维码内容，单击 下载 按钮下载二维码，单击 完成编辑 按钮完成二维码的创建，如图9-7所示（效果所在位置：效果文件\项目九\任务一\爱护环境，人人有责.png）。

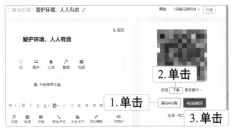

图9-7 完成创建

2．美化二维码

俗话说"人靠衣装马靠鞍"，外观和包装是十分重要的。使用草料二维码美化二维码，可以让二维码更加美观、有个性。下面对刚才创建的二维码进行美化，具体操作如下。

微课视频

美化二维码

① 启动浏览器，进入草料二维码官网并登录。

② 单击首页右侧的 二维码美化 按钮，在打开的界面中可以美化二维码。草料二维码既支持先输入文字生成二维码再美化，又支持上传二维码图片进行美化。此处将之前创建下载的二维码图片拖入界面右侧上传，如图9-8所示。

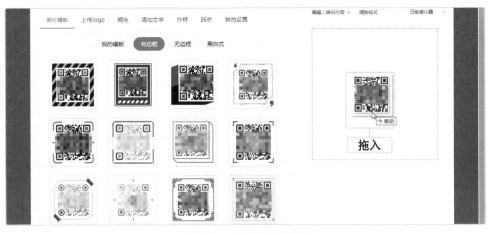

图9-8 上传二维码图片

③　上传二维码后，可以选择所需的美化模板，此处选择"有边框"选项卡下第一行的第四个选项，如图 9-9 所示。

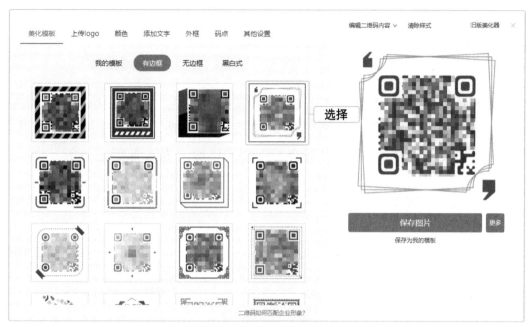

图9-9　选择美化模板

④　单击"上传 logo"选项卡，单击 上传logo 按钮，打开"打开"对话框，选择要上传的 logo（素材所在位置：素材文件\项目九\任务一\LOGO.png），再单击 打开(O) ▼ 按钮，如图 9-10 所示。除了在二维码中添加 logo 之外，用户还可以根据自己的需求设置二维码的颜色、外框、码点等，还可以添加文字。

图9-10　上传logo

⑤　单击 保存图片 按钮，打开"新建下载任务"对话框，设置二维码的名称和保存位置，单击 下载 按钮将二维码保存到计算机中，如图 9-11 所示（效果所在位置：效果文件\项目九\任务一\二维码美化.png）。

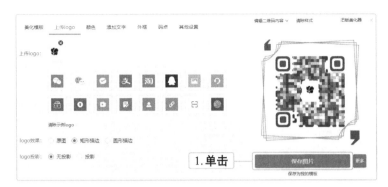

图9-11 完成美化

知识补充

生成二维码后，用户若只想让部分人员查看二维码内容，可以在草料二维码中给该二维码添加密码。操作方法如下：进入"草料后台"界面，在要加密的二维码右侧单击 更多 按钮，在打开的下拉列表中选择"加密设置"选项，打开"查看权限设置"对话框，选中"加密"单选项，然后在下方输入4~20位密码即可，如图9-12所示。

图9-12 二维码加密

3．使用表单功能

草料二维码的表单功能可以用来收集信息，代替传统的纸质表格，适用于出入登记、签到、报名、物品领用、设备巡检、区域巡查等情景。下面使用草料二维码的表单功能制作一个可以登记的"会议签到"二维码，具体操作如下。

微课视频

使用表单功能

① 启动浏览器，进入草料二维码官网并登录。

② 单击首页右侧的 ＋新建活码 按钮，进入"模板库"界面。用户可以在此界面中选择合适的模板，然后在模板的基础上根据实际情况修改内容。此处选择"推荐"栏下的"会议签到"选项，单击该选项下的 应用此模板 按钮，如图9-13所示。

③ 进入"编辑"界面，根据具体情况修改模板中的内容。此处保持默认设置，然后单击界面右侧的 生成二维码 按钮生成二维码，如图9-14所示。

图9-13　应用模板

图9-14　生成二维码

④　二维码生成后，单击二维码下方的 保存内容 按钮保存二维码内容，单击 下载 按钮下载二维码（效果所在位置：效果文件\项目九\任务一\会议签到.png），单击 完成编辑 完成二维码的创建。图9-15所示为用手机扫描该二维码后出现的界面。

⑤　在二维码保存成功的界面中单击 前往工作台 按钮，如图9-16所示。

图9-15　手机扫描界面

图9-16　前往工作台

⑥ 进入工作台界面，分别单击"表单"栏下的各个选项卡，可以对表单的填表人、协作成员、表单数据等进行管理。图 9-17 所示为单击"表单管理"选项卡打开的界面。

图9-17 表单管理

任务二 使用 135 编辑器排版微信公众号文章

135 编辑器是一款提供微信公众号文章排版和内容编辑功能的在线工具，其样式丰富，不仅支持收藏样式和颜色，还提供编辑图片素材、添加图片水印、一键排版等功能。用户可以使用 135 编辑器轻松排版微信公众号文章。

任务目标

使用 135 编辑器排版微信公众号文章，主要练习快速排版文章、使用模板排版文章、将排版文章同步至微信等操作。

相关知识

135 编辑器是提子科技（北京）有限公司旗下的一款在线图文排版工具，于 2014 年 9 月上线运营，主要应用于微信公众号、企业网站以及论坛等多个平台，提供一键排版、全文配色、微信公众号管理、微信变量回复、48 小时群发、定时群发、云端草稿、文本校对等多项功能与服务。用户可以使用 135 编辑器快速排版微信公众号文章。

任务实施

1．快速排版文章

启动浏览器，进入 135 编辑器官网并注册登录后，即可开始排版文章。下面在 135 编辑器中快速排版文章，具体操作如下。

微课视频

快速排版文章

❶ 启动浏览器，在 135 编辑器官网注册并登录。

❷ 进入 135 编辑器的编辑界面，单击工具栏中的"单图上传"按钮🖼，打开"打开"对话框，选择要插入的素材图片（素材所在位置：素材文件 \ 项目九 \ 任务二 \01.png），单击 打开(O) ▸按钮，如图 9-18 所示。

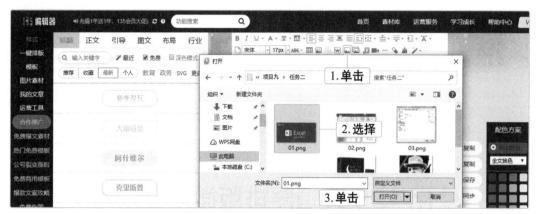

图9-18　插入图片

❸ 选择插入的图片，然后单击工具栏中的"居中对齐"按钮≡将图片居中对齐，如图 9-19 所示。

图9-19　将图片居中对齐

❹ 输入或粘贴内容，此处直接粘贴素材文档中的第一段文本（素材文档所在位置：素材文件 \ 项目九 \ 任务二 \ 工作表使用小技巧 .docx），如图 9-20 所示。

图9-20　粘贴素材文档中的第一段文本

⑤ 选中编辑界面左侧样式功能区中的"免费"复选框，将鼠标指针移动到"标题"选项卡上，在打开的下拉列表中选择想要的标题样式，此处选择"框线标题"选项，并选择需要的标题样式，如图 9-21 所示。

图9-21　选择标题样式

⑥ 选择该框线标题，将"工作整体概况"文本修改为素材文档中的第一个标题"表格内容全部显示"，然后单击右侧配色方案下方的绿色色块，将该标题的颜色改为绿色，如图 9-22 所示。

图9-22　修改标题文本并更改标题样式颜色

⑦ 在标题下方粘贴素材文档中"1. 表格内容全部显示"下方的第一段文本，单击工具栏中的"单图上传"按钮，打开"打开"对话框，选择要插入的素材图片（素材所在位置：素材文件 \ 项目九 \ 任务二 \ 02.png），单击 打开(O) 按钮即可。

⑧ 在下方粘贴素材文档中"1.表格内容全部显示"下方的第二段文本，单击工具栏中的"单图上传"按钮🖾，打开"打开"对话框，选择要插入的素材图片（素材所在位置：素材文件\项目九\任务二\03.png），单击 打开(O) ▼按钮，其效果如图 9-23 所示。

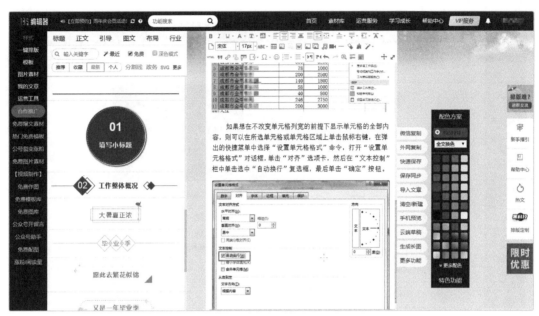

图9-23 完善标题下方的内容

⑨ 添加一个与步骤⑤相同的标题样式，此时标题中的序号会自动变为"02"，将"工作整体概况"文本修改为素材文档中的第二个标题"删除文本中的空格"，然后单击右侧配色方案下方的绿色色块，将该标题的颜色改为绿色。

⑩ 在标题下方粘贴素材文档中"2.删除文本中的空格"下方的两段文本，单击工具栏中的"单图上传"按钮🖾，打开"打开"对话框，选择要插入的素材图片（素材所在位置：素材文件\项目九\任务二\04.png），单击 打开(O) ▼按钮。

⑪ 正文内容排版完成，按【Ctrl+A】组合键全选文本，单击工具栏中的 17px 按钮，在打开的下拉列表中选择"15px"选项，缩小文本字号。

⑫ 单击界面右侧的 快速保存 按钮保存文章，单击界面左侧的"我的文章"选项卡可以查看保存好的文章。图 9-24 所示为文章排版后的效果（效果所在位置：效果文件\项目九\任务二\工作表使用小技巧.png）。

知识补充

排版好文章后，如果要在微信公众号上使用文章，则单击界面右侧的 微信复制 按钮，135 编辑器会自动复制文章，进入微信公众号后台粘贴使用即可。如果是在其他平台或网站上使用，则单击界面右侧的 外网复制 按钮，进入相应平台或网站后粘贴即可使用。

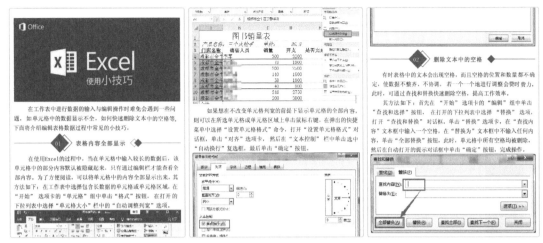

图9-24 文章排版后的效果

2．使用模板排版文章

如果想更加快速地排版文章，用户可以使用135编辑器提供的丰富模板，替换模板中的文字及图片内容即可实现。下面使用135编辑器中的模板来排版文章，具体操作如下。

微课视频

使用模板排版
文章

❶ 启动浏览器，在135编辑器官网注册并登录。

❷ 进入135编辑器的编辑界面，单击左侧边栏的"模板"选项卡，再选中"模板中心"界面中的"免费"复选框，然后选择想要使用的模板。此处将鼠标指针移动到"书籍推荐模板"上，然后单击 整套使用 按钮，如图9-25所示。

图9-25 选择要使用的模板

❸ 编辑区域展示了模板的全部内容，用户可以替换文字和图片内容。图9-26所示为替换文字和图片后的效果（素材所在位置：素材文件\项目九\任务二\好书推荐.docx、作者图.jpg、书籍.jpg）。

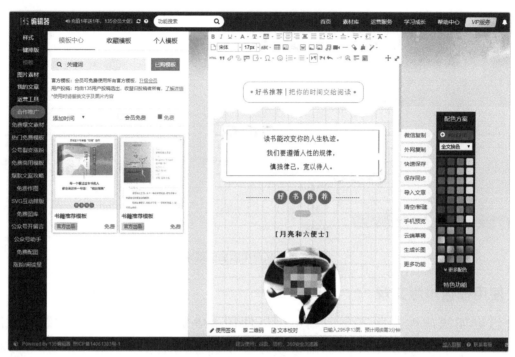

图9-26　替换文字和图片后的效果

④ 单击界面右侧的 快速保存 按钮保存文章（效果所在位置：效果文件\项目九\任务二\好书推荐.png）。

3．将排版文章同步至微信

对于很多自媒体从业者来说，微信公众平台的排版功能不够强大，而135编辑器的保存同步功能能将排版好的内容上传到微信公众号，这样就可以解决这个问题。下面介绍使用135编辑器将排版文章同步至微信的方法，具体操作如下。

微课视频

将排版文章同步
至微信

① 启动浏览器，在135编辑器官网注册并登录。

② 将鼠标指针移至右侧用户名上方，在打开的下拉列表中选择"授权公众号"选项，如图9-27所示。

图9-27　选择"授权公众号"选项

③ 进入"我的公众号"界面，单击 授权新的微信公众号 按钮，如图9-28所示。

图9-28 授权公众号

④ 进入"公众号授权"界面，使用绑定微信公众平台的管理员个人微信账号扫描界面中心的二维码。授权后，用户可以在135编辑器上直接进行微信素材管理、文章同步与群发等操作。

⑤ 授权完成后，就可以同步文章了。进入135编辑器的编辑界面，单击左侧的"我的文章"选项卡，选中"工作表使用小技巧"文章下方的复选框，再单击 多图文同步 按钮，如图9-29所示。

图9-29 同步文章

⑥ 打开"图文同步保存到微信"对话框，将要同步的文章拖入右侧列表中，此处拖动"工作表使用小技巧"文章，然后单击下方的 同步到微信 按钮，如图9-30所示。

图9-30 图文同步保存到微信

任务三　使用凡科互动创建营销活动

新媒体时代，线上活动有助于解决用户流失严重的问题，与用户的持续互动可以增强用户黏性。使用凡科互动创建营销活动，不仅可以获取流量，还可以活跃用户、转化客户。

任务目标

使用凡科互动创建营销活动，主要练习创建抽奖活动、创建投票活动等操作。通过本任务的学习，用户可以掌握使用凡科互动创建营销活动的基本操作。

相关知识

凡科互动隶属于广州凡科互联网科技股份有限公司，是一个免费的活动制作平台。使用凡科互动，用户无须掌握编程与设计技术，就可以快速创建一个好玩的活动。凡科互动可以帮助用户解决各类活动营销，线上／线下引流，微信公众号涨粉、激活、留存用户的问题。使用凡科互动创建活动的类型丰富，包括游戏抽奖活动、裂变引流活动、商业促销活动、投票活动等。

任务实施

1．创建抽奖活动

微课视频

凡科互动提供了多种抽奖活动的模板，选择相应的模板即可开始创建活动。下面用凡科互动创建抽奖活动，具体操作如下。

创建抽奖活动

❶ 启动浏览器，进入凡科互动网站并登录。

❷ 将鼠标指针移至"模板"选项卡，在打开的下拉列表中选择"活动模板"选项。

❸ "模板"界面显示全部活动的模板，单击"抽奖活动"选项卡，根据需要选择相应的模板，此处选择第二个模板选项，如图9-31所示。

❹ 在打开的界面中单击 创建 按钮开始创建抽奖活动。

❺ 进入抽奖活动设置界面，单击"基础设置"选项卡，设置抽奖活动的基本选项，如活动标题、活动时间、参与人数和活动说明等。此处在"活动标题"文本框中输入"充值赢大奖"，将活动时间设置为"2020-08-24 09:00 至 2020-08-26 23:00"，其他选项保持默认设置，如图9-32所示。

图9-31　选择活动模板

图9-32　设置抽奖活动的基本选项

⑥ 单击"派奖方式"选项卡，在其中设置抽奖限制和中奖率，此处在"每日抽奖机会"后的文本框中输入"1"，再选中"抽奖模式"后的"时间均匀发放"单选项，其他选项保持默认设置，如图9-33所示。

⑦ 单击"奖项设置"选项卡，在其中设置活动需要派发的奖项。此处单击"奖项一"选项卡，在"基本选项·奖项一"栏下的"奖项名称"文本框中输入"冰箱"，在"奖项数量"文本框中输入"1"，在"兑奖选项·奖项一"栏下的"兑奖地址"文本框中输入兑奖地址，然后选中"兑奖期限"后的"固定时长"单选项，其他选项保持默认设置，如图9-34所示。

图9-33　派奖方式设置

图9-34　奖项设置

⑧ 按照相同的方法单击"奖项二"和"奖项三"选项卡，分别设置"奖项二"和"奖项三"的礼品为"口红"和"手持风扇"。

⑨ 单击"高级设置"选项卡，在其中单击 上传二维码 按钮，打开"打开"对话框，在其中选择微信公众号的二维码图片上传，其他选项保持默认设置。

⑩ 设置完毕后，单击界面右上角的 保存 按钮保存，再单击 预览与发布 按钮，在打开的界面中预览与发布抽奖活动。若暂不发布活动，可单击 返回 按钮退回编辑。创建完毕的抽奖活动效果如图 9-35 所示。

图9-35　创建完毕的抽奖活动效果

2．创建投票活动

除了抽奖活动，投票活动也是一个可以增加与用户的互动、增强用户黏性的营销活动。下面使用凡科互动创建投票活动，具体操作如下。

创建投票活动

① 启动浏览器，进入凡科互动网站并登录。

② 将鼠标指针移至"模板"选项卡，在打开的下拉列表中选择"活动模板"选项。

③ "模板"界面显示全部活动的模板，单击"投票活动"选项卡，根据需要选择相应的模板，如图 9-36 所示。

④ 在打开的界面中单击 创建 按钮开始创建投票活动。

⑤ 进入投票活动设置界面，单击"基础设置"选项卡，设置投票活动的基本选项，如活动标题、活动说明等。图 9-37 所示为设置好基本选项的效果。

图9-36　选择活动模板

图9-37　设置好基本选项的效果

⑥　单击"报名设置"选项卡，在其中可以设置投票活动的报名时间、报名须知、报名门槛等。此处将报名时间设置为"2020-08-20 12:00 至 2020-08-21 12:00"，其他选项保持默认设置，如图 9-38 所示。

⑦　单击"投票设置"选项卡，在其中选择投票活动的投票时间、投票形式、每日可投票数等。此处将投票时间设置为"2020-08-25 09:00 至 2020-08-27 09:00"，其他选项保持默认设置，如图 9-39 所示。

图9-38　报名设置

图9-39　投票设置

⑧　单击"高级设置"选项卡，在其中填写主办单位、设置分享等，此处不填写主办单位的名称，其他选项保持默认设置。

⑨　设置完毕后，单击界面右上角的 保存 按钮保存，再单击 预览与发布 按钮，在打开的界面中预览与发布投票活动。创建完毕的投票活动效果如图 9-40 所示。

图9-40　创建完毕的投票活动效果

实训一   创建二维码

【实训要求】

使用草料二维码中的模板创建内容为介绍产品款式的二维码，主要包括应用模板、修改内容、生成二维码并美化二维码等操作。通过本实训的操作，用户可以进一步练习使用草料二维码创建二维码的方法。

【实训思路】

在草料二维码登录，先在模板库中选择模板，然后应用模板并使用素材文件夹中的素材图片和文字替换内容（素材所在位置：素材文件\项目九\实训一\01.jpg、02.jpg、03.jpg、04.jpg、产品信息.docx），最后生成、美化并下载二维码。图9-41所示为所创建二维码的部分内容。

图9-41　二维码的部分内容

【步骤提示】

① 启动浏览器，进入草料二维码官网并登录。

② 单击"模板库"选项卡，根据实际情况选择需要的模板并应用。

③ 进入编辑界面，依次替换模板的内容。

④ 修改完毕后，单击二维码下方的 保存内容 按钮保存二维码内容；单击 完成编辑 按钮完成二维码的创建。

⑤ 单击 二维码美化 按钮美化二维码，最后单击 下载 按钮下载二维码（效果所在位置：效果文件\项目九\实训一\产品介绍二维码.png）。

实训二   排版微信公众号文章

【实训要求】

使用135编辑器中的模板为素材文件夹中的微信公众号文章（素材所在位置：素材文件\

项目九\实训二\九顶山.jpg、玛嘉沟.jpg、孟屯河谷.jpg、墨石公园.jpg、旅行.jpg、四川旅游地点推荐.docx）排版。通过本实训的操作，用户可进一步巩固使用135编辑器排版微信公众号文章的基本方法。

【实训思路】

进入135编辑器后，先在模板中心挑选合适的模板并使用，然后将模板内容替换为微信公众号文章中的内容，最后快速保存文章。图9-42所示为微信公众号文章排版后的部分效果（效果所在位置：效果文件\项目九\实训二\四川旅游地点推荐.png）。

图9-42　微信公众号文章排版后的部分效果

【步骤提示】

❶ 启动浏览器，进入135编辑器官网并登录。

❷ 选择【素材库】/【模板中心】菜单命令，进入135编辑器的"模板中心"界面，在其中选择喜欢的模板，然后单击 立即使用 按钮。

❸ 进入编辑界面，根据提供的素材替换模板内容，对文章进行排版。

❹ 排版完成后，单击 快速保存 按钮保存文章。若要同步到微信公众号，则单击 保存同步 按钮，在打开的"保存图文"对话框中输入图文标题、摘要，并设置封面，选择授权的微信公众号等。

练习1：创建内容包括音频、视频的二维码

使用草料二维码创建一个内容包括音频、视频的二维码，主题自定，素材不限。

练习2：使用135编辑器排版微信公众号文章

使用135编辑器排版微信公众号文章，可以使用135编辑器提供的模板，也可以自行设计排版样式。

练习3：创建抽奖活动

使用凡科互动创建一个抽奖活动，并设置基本选项、派奖方式、奖项等。素材不限，主题自定。

1. 静态码和活码

常见的路边摊、菜市、杂货店等贴在墙上或者打印好的二维码属于静态码，它是直接将需要展示的目标内容（仅限字符串，即字母、符号、数字）编码生成的二维码，生成后的目标内容不可更改。活码也叫动态二维码，是与静态码相对的概念。活码生成后，内容可以修改，但二维码的形式不变。活码即便印刷了，也可以在其中随时修改内容，如更换手机号、变动公司地址、调整人员信息等。图9-43所示为静态码和活码工作原理的对比。

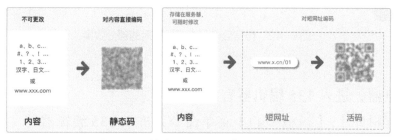

图9-43　静态码和活码工作原理的对比

2. 其他编辑器

除了135编辑器外，秀米编辑器和i排版编辑器也非常好用。秀米编辑器拥有很多原创模板素材，排版风格也十分多样化、个性化。在秀米编辑器中，用户可以设计出具有专属于自己的排版样式。另外，秀米编辑器内置了秀制作及图文排版两种制作模式，页面模板及组件更加丰富多样。

i排版编辑器是一款优秀的文字处理排版工具，操作界面简洁，样式种类丰富，支持一键修改字间距、一键缩进、一键添加签名等。除此之外，i排版编辑器还提供了生成短网址、超链接，更改弹幕样式，一键生成长微博等功能。只需短短几分钟，用户就能排版出一篇漂亮的文章。它不仅能提高微信公众号文章排版的美观性，还能提高用户的工作效率。